Das große Tafelbild des Universums

Astronomie als Leitfaden für unsere Reise durch den Kosmos

I0407647

Inhaltsverzeichnis

Einführung in die Astronomie

Definition der Astronomie

Die Astronomie ist die Wissenschaft, die himmlische Objekte wie Sterne, Planeten, Galaxien, Sternhaufen, Nebel und Schwarze Löcher sowie die physikalischen Phänomene, die sie regieren, untersucht. Sie stützt sich auf Beobachtungen von der Erde aus oder aus dem Weltraum sowie auf theoretische Modelle, die versuchen, die Beobachtungen zu erklären.

Die Astronomie ist eine alte Disziplin, die bis in die Antike zurückreicht. Die ersten Astronomen beobachteten die Bewegung der Himmelskörper am Himmel und versuchten, sie zu erklären. Im Laufe der Jahrhunderte hat die Astronomie viele Fortschritte gemacht, insbesondere durch die Erfindung des Teleskops und die Theorie der allgemeinen Gravitation von Isaac Newton. Heute ist die Astronomie eine sich ständig weiterentwickelnde Wissenschaft, die neue Entdeckungen und Perspektiven auf das Universum bietet.

Die Astronomie ist in mehrere Teilgebiete unterteilt, die verschiedene Aspekte des Universums erforschen. Die Astrophysik zum Beispiel untersucht die physikalischen Eigenschaften von himmlischen Objekten wie Masse, Temperatur und chemische Zusammensetzung. Die Astrochemie wiederum untersucht die Chemie von himmlischen Objekten, während sich die Astrobiologie mit der Möglichkeit von Leben im Universum befasst.

Die Astronomie ist auch eine interdisziplinäre Wissenschaft, die Kenntnisse in Physik, Chemie, Mathematik und Informatik erfordert. Astronomen verwenden anspruchsvolle Beobachtungsinstrumente wie Teleskope, Spektrographen und Strahlungsdetektoren, um Daten über himmlische Objekte zu sammeln. Sie verwenden auch theoretische Modelle, um diese Daten zu erklären und neue Hypothesen aufzustellen.

Insgesamt ist die Astronomie eine faszinierende und sich ständig weiterentwickelnde Wissenschaft, die uns dabei hilft, das uns umgebende Universum besser zu verstehen. Sie ermöglicht es uns, grundlegende Fragen nach dem Ursprung und der Entwicklung des Universums zu beantworten, und ebnet den Weg für neue Entdeckungen und technologische Fortschritte.

Geschichte der Astronomie

Die Geschichte der Astronomie reicht Tausende von Jahren zurück, seit die ersten Menschen zum nächtlichen Himmel aufblickten und begannen, die Sterne zu beobachten. Die Beobachtungen der scheinbaren Bewegungen der Himmelskörper führten zur Entwicklung von Kalendern, um die Jahreszeiten zu verfolgen und landwirtschaftliche Aktivitäten zu planen.

Es war jedoch erst in der Antike, dass sich die Astronomie als wissenschaftliche Disziplin zu entwickeln begann. Griechische Astronomen begannen, geozentrische Modelle des Universums zu entwickeln, bei denen die Erde im

Zentrum steht und die Sterne, Planeten und anderen himmlischen Körper um sie herum kreisen. Die Arbeiten des Ptolemäus, insbesondere das Almagest, lieferten jahrhundertelang eine solide Grundlage für die Astronomie.

Im Mittelalter setzten arabische Astronomen die Astronomie fort und leisteten wichtige Beiträge auf den Gebieten der Beobachtung und Instrumentierung. Ihre Arbeiten beeinflussten auch das mittelalterliche Europa, wo Astronomie eng mit Religion und Astrologie verbunden war.

Während der Renaissance veränderte die kopernikanische Revolution die Art und Weise, wie Astronomen das Universum wahrnahmen. Nicolaus Copernicus schlug ein heliozentrisches Modell des Universums vor, bei dem die Sonne im Zentrum steht und die Planeten um sie herum kreisen. Dies wurde von den Arbeiten von Johannes Kepler und Galileo Galilei verfolgt, die zur Festlegung der Gesetze der Himmelsmechanik beitrugen und Beweise für das heliozentrische Modell lieferten.

Im 18. Jahrhundert erweiterte sich die Astronomie, um die Studie von Kometen, Sternen und Galaxien einzuschließen. Die Arbeit von William Herschel führte zur Entdeckung vieler Galaxien außerhalb der Milchstraße.

Im 19. Jahrhundert begannen Astronomen, die Spektroskopie zur Untersuchung der Zusammensetzung von Sternen und Galaxien zu verwenden. Die Arbeiten von Joseph Fraunhofer führten zur Entdeckung von Absorptionslinien im Sonnenspektrum, die zur Identifizierung chemischer Elemente in Sternen verwendet wurden.

Im 20. Jahrhundert erfuhr die Astronomie durch den Einsatz immer größerer Teleskope und Weltraumteleskope eine Explosion der Entdeckungen. Die Arbeiten von Edwin Hubble führten zur Entdeckung der Ausdehnung des Universums und zur Theorie des Urknalls.

Heute ist die Astronomie eine Disziplin mit bedeutenden Fortschritten im Verständnis der Entstehung und Entwicklung von Galaxien, Sternen und Planeten. Die Erforschung von Exoplaneten hat neue Möglichkeiten für die Suche nach außerirdischem Leben eröffnet und Astronomen helfen auch dabei, die Bildung und Entwicklung planetarer Systeme besser zu verstehen. Die Kepler-Mission der NASA hat ebenfalls wichtige Entdeckungen gebracht. Seit ihrem Start im Jahr 2009 hat diese Mission Tausende von Exoplaneten entdeckt, also von Planeten, die um andere Sterne als die Sonne kreisen. Diese Entdeckung hat den Weg für die Suche nach außerirdischem Leben geebnet und den Astronomen geholfen, die Bildung und Entwicklung planetarer Systeme besser zu verstehen. Die Kepler-Mission hat auch erdähnliche Planeten entdeckt, die wahrscheinlich ähnliche Bedingungen wie die Erde haben.

Neben diesen großen Namen in der Geschichte der Astronomie haben auch viele andere Astronomen wichtige Beiträge geleistet. Johannes Kepler entdeckte, dass die Planeten elliptische Umlaufbahnen um die Sonne haben. William Herschel entdeckte Uranus und stellte auch fest, dass die Milchstraße eine scheibenförmige Galaxie ist. Caroline Herschel, die Schwester von William Herschel, war ebenfalls eine wichtige Astronomin, die mehrere Kometen entdeckte.

Die Hauptzweige der Astronomie

Die Astronomie ist eine komplexe und umfangreiche Wissenschaft, die in mehrere Zweige unterteilt werden kann. Jeder dieser Zweige konzentriert sich auf verschiedene Aspekte der Erforschung des Universums. Die Hauptzweige der Astronomie umfassen Astrophysik, Kosmologie, Sternkunde, Galaxienforschung, extragalaktische Astronomie und Hochenergieastronomie.

Die Astrophysik befasst sich mit der Physik himmlischer Objekte. Sie konzentriert sich auf das Verständnis der Struktur und des Verhaltens von Sternen, Galaxien und kosmischen Objekten wie Schwarzen Löchern und Neutronensternen. Die Astrophysik nutzt Werkzeuge der Physik, um die Entstehung und Entwicklung dieser himmlischen Objekte zu erforschen.

Die Kosmologie ist die Erforschung des Universums als Ganzes. Sie konzentriert sich auf den Ursprung, die Entwicklung und die globale Struktur des Universums. Die Kosmologie nutzt Beobachtungen und Modelle, um die grundlegenden Gesetze zu verstehen, die das Universum regieren. Sie befasst sich auch mit Konzepten wie Inflation, dunkler Materie und Energie, der Entstehung von Strukturen in großem Maßstab und der Ausdehnung des Universums.

Die Sternkunde ist die Erforschung von Sternen. Sie konzentriert sich auf die Klassifizierung und Eigenschaften von Sternen sowie auf ihre Entstehung und Entwicklung. Die Sternkunde umfasst auch die Untersuchung von Supernovae und Neutronensternen.

Die Galaxienforschung ist die Erforschung der Struktur und Dynamik der Milchstraße und anderer Galaxien. Sie konzentriert sich auf die Sterne, Gase und Staubpartikel, aus denen Galaxien bestehen. Die Galaxienforschung befasst sich auch mit den Bewegungen und Wechselwirkungen von Galaxien sowie mit der Entstehung und Entwicklung von Galaxien.

Die extragalaktische Astronomie ist die Erforschung von Objekten außerhalb unserer eigenen Galaxie. Sie konzentriert sich auf Galaxien, Galaxienhaufen, Quasare und andere Objekte, die außerhalb der Milchstraße existieren. Die extragalaktische Astronomie nutzt Beobachtungen, um die Struktur und Entwicklung dieser himmlischen Objekte zu verstehen.

Die Hochenergieastronomie befasst sich mit himmlischen Objekten, die elektromagnetische Strahlung hoher Energie emittieren, wie Röntgen- und Gammastrahlen. Dieser Zweig der Astronomie konzentriert sich auf Phänomene wie Schwarze Löcher, Pulsare und Supernovae.

Zusammenfassend ist die Astronomie eine Wissenschaft, die in verschiedene Zweige unterteilt werden kann, von denen jeder verschiedene Aspekte der Erforschung des Universums behandelt. Astrophysik, Kosmologie, Sternkunde, Galaxienforschung, extragalaktische Astronomie und Hochenergieastronomie sind die Hauptzweige der Astronomie. Jeder dieser Zweige verwendet unterschiedliche Beobachtungsmethoden und Werkzeuge, um das Universum zu verstehen. Sie sind jedoch alle miteinander verbunden und ergänzen sich. Zum Beispiel sind Sternkunde und

Galaxienforschung eng miteinander verbunden, da Sterne eine Schlüsselrolle bei der Entstehung und Entwicklung von Galaxien spielen. Ebenso ist die extragalaktische Astronomie eng mit der Kosmologie verbunden, da die Untersuchung ferner Galaxien Informationen über die Ausdehnung des Universums liefern kann.

Es ist wichtig zu beachten, dass diese Zweige der Astronomie nicht statisch sind, sondern dynamisch. Neue Entdeckungen können dazu führen, dass neue Zweige entstehen oder bestehende Zweige fusionieren. Zum Beispiel ist die Erforschung von Exoplaneten ein sich ständig weiterentwickelndes Gebiet, das in den letzten Jahrzehnten schnell gewachsen ist. Ebenso ist die Hochenergieastronomie ein relativ neuer Zweig der Astronomie, der durch die jüngsten technologischen Fortschritte bei der Detektion von Gravitationswellen ermöglicht wurde.

Das Sonnensystem

Die Sonne

Die Sonne ist ein mittelgroßer Stern, der sich im Zentrum unseres Sonnensystems befindet. Sie macht etwa 99,86% der Gesamtmasse unseres Sonnensystems aus und hat eine Oberflächentemperatur von etwa 5.500 Grad Celsius.

Die Sonne ist eine kontinuierlich brennende Gasball, der Licht und Wärme produziert, die für das Leben auf der Erde lebenswichtig sind. Diese Energieproduktion erfolgt durch eine Kernfusion, bei der Wasserstoff im Sonnenkern zu Helium umgewandelt wird.

Die Sonne hat eine schichtartige Struktur, mit einer Kernzone, in der die Temperatur und der Druck ausreichen, um die Kernfusion zu ermöglichen. Diese Zone ist von einer Konvektionszone umgeben, in der das im Kern erhitzte Material brodelnd zur Oberfläche aufsteigt. Die sichtbare Oberfläche der Sonne wird Photosphäre genannt und hat eine Temperatur von etwa 5.500 Grad Celsius.

Die Sonne ist auch verantwortlich für eruptive Phänomene wie Sonnenflecken, koronale Massenauswürfe und Sonneneruptionen. Sonnenflecken sind dunkle Bereiche auf der Sonnenoberfläche, die durch intensive magnetische Felder verursacht werden. Koronale Massenauswürfe sind Ereignisse, bei denen geladene Teilchen aus der Sonnenkorona in den Weltraum geschleudert werden. Sonneneruptionen sind plötzliche Explosionen von Licht und

Materie, die Auswirkungen auf die Erde haben können, wie beispielsweise Nordlichter.

Die Sonne wird auch für ihre Auswirkungen auf das irdische Klima und Kommunikationssysteme untersucht. Veränderungen in der Sonnenaktivität können das irdische Klima beeinflussen, indem sie die Menge des auf die Erde treffenden Sonnenlichts verändern. Sonneneruptionen können auch satellitengestützte Kommunikations- und Navigationssysteme stören.

Schließlich ist die Erforschung der Sonne von entscheidender Bedeutung, um Sterne im Allgemeinen zu verstehen. Viele Eigenschaften von Sternen basieren auf Beobachtungen der Sonne, wie stellare Klassifikation und die Masse-Leuchtkraft-Beziehung.

Die erdähnlichen Planeten und ihre Satelliten

Die erdähnlichen Planeten sind die Planeten in unserem Sonnensystem, die eine feste und gesteinigte Oberfläche wie die Erde haben. Es gibt vier solcher Planeten: Merkur, Venus, die Erde und Mars. Jeder von ihnen hat seine eigenen Merkmale und Besonderheiten.

Merkur ist der dem Sonnen am nächsten gelegene Planet und sehr klein. Seine Oberfläche ist von Kratern und steilen Klippen übersät, da er keine Atmosphäre hat, die seine Oberfläche vor Meteoriteneinschlägen und Sonneneruptionen schützt. Merkur dreht sich sehr langsam um sich selbst, so dass ein Tag auf Merkur länger ist als ein Jahr. Tatsächlich benötigt Merkur etwa 88 irdische Tage, um eine vollständige Umdrehung um die Sonne zu machen, aber etwa 176 irdische Tage, um sich einmal um seine eigene Achse zu drehen.

Venus ist der Erde am nächsten gelegene Planet und wird oft als «Zwillingsschwester» der Erde bezeichnet, aufgrund ihrer ähnlichen Größe und Zusammensetzung. Dennoch unterscheidet sich Venus sehr von der Erde aufgrund ihrer dichten und heißen Atmosphäre, die hauptsächlich aus Kohlendioxid besteht und einen intensiven Treibhauseffekt erzeugt. Die Oberflächentemperatur von Venus erreicht fast 500 Grad Celsius und ist damit heißer als die Oberfläche von Merkur, trotz ihrer Entfernung von der Sonne. Venus dreht sich wie Merkur auch sehr langsam um sich selbst, was bedeutet, dass ihre Tage länger sind als ihre Jahre.

Die Erde ist natürlich unser Heimatplanet und einzigartig im Sonnensystem aufgrund ihrer Fähigkeit, das Leben, wie wir es kennen, zu beherbergen. Ihre gesteinigte Zusammensetzung, ihre schützende Atmosphäre und ihr Magnetfeld schützen uns vor den schädlichen Strahlen der Sonne und Sonneneruptionen. Die Erde ist auch der einzige Planet im Sonnensystem, der ausgedehnte Bereiche flüssigen Wassers an ihrer Oberfläche hat, was ein wichtiger Faktor für die Entwicklung des Lebens ist. Die Erde hat einen 24-stündigen Tag und ein 365,25-tägiges Jahr, was die Zeit benötigt, um eine vollständige Umdrehung um die Sonne zu machen.

Mars ist der vierte Planet im Sonnensystem und wird oft als «roter Planet» bezeichnet, aufgrund seiner charakteristischen Farbe. Mars ist ein kalter und trockener Planet, hat aber eine dünne Atmosphäre und eine Oberfläche mit Kratern,

Vulkanen und Schluchten. Mars hat auch Polkappen aus Eis und ein großes Tal namens Valles Marineris, das das größte Tal im Sonnensystem ist. Mars zieht die Aufmerksamkeit der Wissenschaftler auf sich aufgrund seiner Ähnlichkeit zur Erde und seiner möglichen Unterstützung für Leben.

Die erdähnlichen Planeten haben auch Satelliten, die um sie kreisen. Die Erde hat einen einzigen Mond, während Mars zwei hat: Phobos und Deimos. Merkur und Venus haben keine natürlichen Monde. Die Monde von Mars sind relativ klein und unregelmäßig. Phobos ist der größere der beiden Monde und hat eine von Kratern übersäte Oberfläche. Deimos, der kleinere der beiden, ist deutlich kleiner als Phobos und hat eine glatte und kraterlose Oberfläche.

Die Gasplaneten und ihre Satelliten

In unserem Sonnensystem sind Gasplaneten massive Gasriesen, die keine feste Oberfläche haben. Die vier Gasplaneten sind Jupiter, Saturn, Uranus und Neptun. Diese Planeten zeichnen sich durch ihre dichte, wolkige Atmosphäre, hohe Schwerkraft und eine große Anzahl von Satelliten aus.

Jupiter, der größte Planet des Sonnensystems, besteht hauptsächlich aus Wasserstoff und Helium, mit geringen Mengen anderer Elemente. Sein bekanntester Merkmal ist der Große Rote Fleck, ein seit Jahrhunderten wütender Sturm in seiner Atmosphäre. Jupiter hat auch eine große Anzahl von Satelliten, von denen die bekanntesten Io, Europa, Ganymed und Kallisto sind.

Auch Saturn besteht hauptsächlich aus Wasserstoff und Helium, hat aber auch geringe Mengen anderer Elemente. Seine Atmosphäre ist für seine spektakulären Ringe bekannt, die tatsächlich aus Milliarden von Eis- und Gesteinspartikeln bestehen. Saturn hat auch viele Satelliten, von denen der größte Titan ist, der eine dichte Atmosphäre und Flüssigkeitsseen an seiner Oberfläche hat.

Uranus und Neptun sind beide Eisriesen, die hauptsächlich aus Wasser, Ammoniak und Methan bestehen. Sie haben auch Ringe, die jedoch weniger sichtbar sind als die Ringe des Saturn. Uranus ist besonders bekannt für seine auf der Seite liegende Rotation, die wahrscheinlich auf eine Kollision mit einem massereichen Planeten oder Objekt zurückzuführen ist. Neptun ist der am weitesten von der Sonne entfernte Planet und hat auch einen großen Sturm in seiner Atmosphäre, der als Große Dunkle Stelle bekannt ist.

Die Satelliten dieser Planeten sind ebenfalls sehr interessant. Io, einer der Monde von Jupiter, ist der aktivste Vulkan im Sonnensystem. Titan, der größte Mond von Saturn, hat eine dichte Atmosphäre und Flüssigkeitsseen an seiner Oberfläche, was ihn zu einem wichtigen Objekt für die Erforschung potenziellen außerirdischen Lebens macht. Triton, der größte Mond von Neptun, ist ebenfalls interessant, da er wahrscheinlich ein von Neptun eingefangenes Objekt ist und möglicherweise Hinweise auf die Ursprünge unseres Sonnensystems enthält.

Unterschied zwischen Monden und Satelliten

In der Astronomie werden die Begriffe «Mond» und «Satellit» oft synonym verwendet, um Objekte zu beschreiben, die um einen bestimmten Planeten kreisen. Es gibt jedoch einen subtilen Unterschied zwischen diesen beiden Begriffen.

Im Allgemeinen ist ein Mond ein natürlicher Himmelskörper, der um einen bestimmten Planeten kreist. Monde sind in der Regel kugelförmig, was bedeutet, dass sie eine ausreichend starke Schwerkraft haben, um sich zu verformen und eine runde Form anzunehmen. Monde werden oft so genannt, wenn sie um erdähnliche Planeten wie die Erde, Mars oder Venus kreisen. Im Falle der Erde haben wir einen Mond, den wir als Mond bezeichnen.

Auf der anderen Seite kann ein Satellit entweder natürlich, wie ein Mond, oder künstlich, wie Kommunikationssatelliten oder Teleskope in der Erdumlaufbahn sein. Satelliten können auch um verschiedene Arten von Himmelskörpern kreisen, wie Planeten, Sterne, Asteroiden, Kometen usw.

Zusammenfassend lässt sich sagen, dass jeder Mond ein Satellit ist, aber nicht alle Satelliten Monde sind. Die Begriffe «Mond» und «Satellit» werden also austauschbar verwendet, wenn es sich bei dem betreffenden Objekt um einen natürlichen Himmelskörper handelt, der um einen Planeten kreist.

Diese subtile Unterscheidung zwischen Mond und Satellit mag unbedeutend erscheinen, kann aber bei der Betrachtung der Vielfalt der Himmelskörper in unserem Sonnensystem und darüber hinaus hilfreich sein. Durch die Erforschung von Monden und Satelliten können wir die komplexen gravitativen Wechselwirkungen besser verstehen, die unser Sonnensystem und das Universum im Allgemeinen formen.

Asteroiden, Kometen und Meteoriten

Asteroiden, Kometen und Meteoriten sind faszinierende Himmelsobjekte, die von großer Bedeutung für unser Verständnis der Geschichte und Entwicklung des Universums sind. In diesem Abschnitt werden wir diese Objekte erkunden und ihre Auswirkungen auf unseren Planeten und das Leben betrachten.

Asteroiden sind felsige Körper, die um die Sonne kreisen. Sie können in Größe von wenigen Metern bis zu mehreren Kilometern Durchmesser variieren. Einige Asteroiden haben sogar Satelliten, die um sie herumkreisen. Die meisten Asteroiden befinden sich im Asteroidengürtel zwischen Mars und Jupiter, können aber auch der Erde nahe kommen.

Kometen hingegen sind eisige Körper, die hauptsächlich im äußeren Sonnensystem vorkommen. Sie haben sehr exzentrische Umlaufbahnen, was bedeutet, dass sie der Sonne sehr nahe kommen und leuchtende Schweife erzeugen, die von der Erde aus sichtbar sind. Kometen sind auch Träger von Wasser und organischen Molekülen, was sie zu Objekten von Interesse für die Suche nach außerirdischem Leben macht.

Meteoriten sind hingegen Gesteinsbrocken aus dem

Weltraum, die den Eintritt in die Erdatmosphäre überlebt haben. Wenn ein Meteor, auch Sternschnuppe genannt, in die Atmosphäre eintritt, heizt er sich aufgrund der Reibung mit der Luft auf und erzeugt eine leuchtende Spur am Himmel. Meteoriten sind Zeugen der Geschichte unseres Sonnensystems, da sie Elemente enthalten, die während der Entstehung des Sonnensystems gebildet wurden.

Asteroiden, Kometen und Meteoriten haben alle eine Auswirkung auf unseren Planeten. Asteroiden können Auswirkungen auf die Erde haben, wie zum Beispiel das Ereignis, das das Aussterben der Dinosaurier vor 65 Millionen Jahren verursacht hat. Auch Kometen können Auswirkungen haben, obwohl sie viel seltener sind. Meteoriten können hingegen in Form von Meteoritenschauern Auswirkungen auf die Erde haben, die gesammelt und zur Erforschung der Geschichte unseres Sonnensystems untersucht werden können.

Schließlich kann die Erforschung von Asteroiden, Kometen und Meteoriten uns helfen, die Geschichte und Entwicklung unseres Sonnensystems besser zu verstehen. Erkundungsmissionen wie die NASA-Mission OSIRIS-REx haben zum Ziel, Proben von Asteroidenmaterial zu sammeln und zur Untersuchung zur Erde zurückzubringen. Ebenso hat die ESA-Mission Rosetta die Möglichkeit geboten, den Kometen 67P/Churyumov-Gerasimenko aus der Nähe zu untersuchen und die Bildung und Entwicklung von Kometen besser zu verstehen.

Die Sterne

Klassifizierung und Eigenschaften der Sterne

Die Klassifizierung von Sternen ist eine Methode, um Sterne anhand ihrer physikalischen Eigenschaften zu beschreiben und zu gruppieren. Sterne können nach ihrer Temperatur, Größe, Helligkeit, chemischen Zusammensetzung und ihrem Alter klassifiziert werden. Diese Eigenschaften werden verwendet, um eine Sequenz von Sternen zu erstellen, bekannt als Hauptreihenfolge, die die Sterne entsprechend ihrer Masse und Lebensphase beschreibt.

Die Klassifizierung von Sternen anhand ihrer Temperatur ist die gängigste Methode. Sterne werden nach ihrem Spektrum klassifiziert, das die Verteilung ihres Lichts in verschiedenen Wellenlängen darstellt. Das Spektrum eines Sterns kann analysiert werden, um seine Temperatur und chemische Zusammensetzung zu bestimmen.

Die am häufigsten verwendete Klassifizierung von Sternen ist die Harvard-Klassifikation, auch bekannt als OBAFGKM-Sternklassifikation. Diese Klassifikation gruppiert Sterne in sieben Hauptklassen basierend auf ihrer Temperatur. Die heißesten Sterne gehören zur Klasse O, während die kältesten Sterne zur Klasse M gehören. Die Klassenfolge lautet O, B, A, F, G, K, M.

Die Größe der Sterne ist ebenfalls ein wichtiger Klassifizierungsfaktor. Sterne werden je nach ihrer Masse klassifiziert, die in Sonnenmassen angegeben wird.

Massivere Sterne haben eine kürzere Lebensdauer und eine höhere Helligkeit als weniger massive Sterne.

Die Helligkeit der Sterne ist eine weitere wichtige Eigenschaft, die bei der Klassifikation von Sternen verwendet wird. Die Helligkeit wird in Bezug auf die Helligkeit der Sonne gemessen, die die Menge an von der Sonne abgegebener Lichtenergie ist. Sterne können anhand ihrer absoluten Helligkeit klassifiziert werden, die die Helligkeit ist, die sie hätten, wenn sie sich in einer Entfernung von 10 Parsec von der Erde befänden.

Die chemische Zusammensetzung von Sternen kann ebenfalls verwendet werden, um sie zu klassifizieren. Sterne bestehen hauptsächlich aus Wasserstoff und Helium, enthalten jedoch auch geringe Mengen anderer Elemente. Sterne, die hohe Mengen an Metallen enthalten, das heißt, Elemente, die schwerer als Helium sind, werden als metallreiche Sterne klassifiziert.

Schließlich ist das Alter der Sterne ebenfalls ein wichtiger Klassifizierungsfaktor. Sterne entstehen in Gas- und Staubwolken, die als Nebel bezeichnet werden, und entwickeln sich im Laufe der Zeit. Die jüngsten Sterne befinden sich noch in der Entstehungsphase und werden als prä-Hauptreihensterne klassifiziert. Ältere Sterne werden je nach ihrer Lebensphase klassifiziert, die Hauptreihenfolge, Riesensterne, Überriese oder Weiße Zwerge sein kann.

Die Entstehung und Entwicklung von Sternen

Die Entstehung und Entwicklung von Sternen sind faszinierende Prozesse, die Astronomen seit Jahrhunderten fesseln. Diese Prozesse sind für die unglaubliche Vielfalt der Sterne verantwortlich, die wir in unserem Universum beobachten können. Sterne entstehen in riesigen Molekülwolken, in denen die Schwerkraft Materie anzieht und eine heißes Gasball formt, das dicht genug ist, um die Kernfusion auszulösen.

Kernfusion ist ein Prozess, bei dem Atome miteinander verschmelzen und schwerere Atome bilden, wodurch Energie freigesetzt wird. Bei Sternen ist die Kernfusion der Prozess, der die Energieproduktion der Sterne antreibt. Sobald ein Stern gebildet ist, durchläuft er verschiedene Entwicklungsstadien, abhängig von seiner Masse.

Sterne geringer Masse, wie unsere Sonne, durchlaufen eine Hauptreihenfolgephase, in der sie Energie durch die Fusion von Wasserstoff zu Helium erzeugen. Diese Phase kann mehrere Milliarden Jahre dauern. Während dieser Phase besteht ein Gleichgewicht zwischen der Schwerkraft, die die Materie zum Zentrum des Sterns zieht, und dem Druck der Kernfusion, der die Materie nach außen drückt.

Wenn der nukleare Brennstoff des Sterns jedoch zur Neige geht, beginnt er, sich in andere Stadien zu entwickeln. Er zieht sich zusammen, erhöht die Temperatur und den Druck im Kern, was ihm ermöglicht, Helium in Kohlenstoff und Sauerstoff zu fusionieren. Wenn das gesamte Helium verbraucht ist, verwandelt sich der Stern in einen Roten

Riesen, der seinen Radius vergrößert und seine Oberfläche abkühlt. In diesem Stadium kann der Stern nahegelegene Planeten schlucken oder seine äußere Hülle abstoßen, um einen planetarischen Nebel zu bilden.

Wenn der Stern massiv genug ist, kann er sogar schwerere Elemente wie Eisen fusionieren. Die Entwicklung von massereichen Sternen ist jedoch komplexer. Diese Sterne verbrauchen ihren Brennstoff schneller und sind daher heißer und heller als Sterne geringer Masse. Sie können periodische Explosionen in Form von Helligkeitseruptionen oder Novae erleben. Am Ende ihres Lebens können sie als Supernovae explodieren und Neutronensterne oder Schwarze Löcher hinterlassen.

Die Masse des Sterns ist daher ein entscheidender Faktor für seine Entwicklung. Massereiche Sterne haben kürzere Lebensdauern, verbrauchen ihren Brennstoff schneller und entwickeln sich schneller als Sterne geringer Masse. Sterne geringer Masse können Milliarden von Jahren in der Hauptreihenfolge verbringen, bevor sie zu Roten Riesen werden und schließlich ihre äußere Hülle ins All abstoßen, um planetarische Nebel zu bilden.

Sterne spielen eine entscheidende Rolle bei der Bildung und Entwicklung von Galaxien. Die chemische Zusammensetzung von Sternen ist ebenfalls ein wichtiger Faktor für ihre Entwicklung. Sterne bestehen hauptsächlich aus Wasserstoff und Helium, enthalten jedoch auch Spuren schwererer Elemente wie Kohlenstoff, Sauerstoff und Eisen. Die Menge dieser Elemente in einem Stern hängt von seiner Geschichte und seiner Umgebung ab.

Massereiche Sterne haben starke stellarische Winde, die ihre Umgebung mit schwereren Elementen anreichern können, während Sterne geringer Masse schwächere Winde haben und schwerere Elemente in ihrer Atmosphäre behalten können. Wenn ein Stern stirbt, kann er diese Elemente in den umgebenden Raum freisetzen, wo sie recycelt werden können, um neue Sterne und Planeten zu bilden.

Die Bildung und Entwicklung von Sternen sind dynamische Prozesse, die weiterhin von Astronomen erforscht werden. Neue Entdeckungen haben dazu beigetragen, die physikalischen Prozesse, die Sterne und ihre Entwicklung steuern, besser zu verstehen. Beispielsweise hat die Beobachtung von Veränderlichen-Sternen dazu beigetragen, zu verstehen, wie pulsierende Sterne entstehen und sich entwickeln.

Sterne sind auch wichtig, um die Bildung und Entwicklung von Galaxien zu verstehen. Massereiche Sterne haben kürzere Lebensdauern und sind für die Produktion von schwereren Elementen verantwortlich, die für die Bildung von Gesteinsplaneten wie der Erde essentiell sind. Neutronensterne und Schwarze Löcher, die am Ende des Lebens massereicher Sterne entstehen, sind ebenfalls faszinierende Objekte, die weiterhin von Astronomen untersucht werden.

Die bekanntesten Konstellationen und Sterne

Die bekanntesten Konstellationen und Sterne sind faszinierende und geheimnisvolle Objekte, die die

Vorstellungskraft der Menschen seit Tausenden von Jahren fesseln. Konstellationen sind Gruppen von Sternen, die am Himmel scheinbar identifizierbare Muster bilden. Sie wurden oft verwendet, um zu navigieren und mythologische Geschichten zu erzählen. Einige Konstellationen sind in vielen Kulturen berühmt, während andere nur in bestimmten Regionen der Welt bekannt sind.

Zu den bekanntesten Konstellationen gehören der Orion, der Große Bär, die Kassiopeia und der Löwe. Der Orion ist eine im nördlichen Hemisphären sichtbare Konstellation, die einen Jäger mit einem Schwert und einem Schild darstellt. Der Große Bär ist eine Konstellation, die von beiden Hemisphären aus sichtbar ist und wie ein Topf mit sieben leuchtenden Sternen aussieht. Die Kassiopeia ist eine im nördlichen Hemisphären sichtbare Konstellation, die an den Buchstaben «W» erinnert. Der Löwe ist eine im nördlichen Hemisphären sichtbare Konstellation, die einen liegenden Löwen darstellt.

Zu den bekanntesten Sternen gehören Sirius, Polaris, Beteigeuze und Vega. Sirius, auch bekannt als Alpha Canis Majoris, ist der hellste Stern am Nachthimmel. Polaris, auch bekannt als Alpha Ursae Minoris, ist der Polarstern, der die Richtung Norden für Navigator:innen und Himmelsbeobachter:innen markiert. Beteigeuze, auch bekannt als Alpha Orionis, ist ein roter Riesens- tern im Orion. Vega, auch bekannt als Alpha Lyrae, ist ein heller Stern im Sternbild Leier.

Die bekanntesten Konstellationen und Sterne haben auch faszinierende Geschichten und Legenden, die mit ihnen verbunden sind. Zum Beispiel war Orion in der griechischen

Mythologie ein Jäger, und die Sterne der Konstellation repräsentieren seine Schultern, Arme, Beine und Schwert. In der ägyptischen Mythologie wurde Sirius mit der Göttin Isis in Verbindung gebracht und galt als ein Vorzeichen für die Nilflut. Der Große Bär hat in vielen Kulturen eine unterschiedliche Geschichte, wird aber in der amerikanischen Kultur oft als von Jägern verfolgter Bär betrachtet.

Wenn wir die bekanntesten Konstellationen und Sterne beobachten, können wir auch viel über die Struktur des Universums lernen. Die Klassifizierung von Sternen und ihre Position am Himmel helfen uns dabei, zu verstehen, wie sie entstanden sind und sich im Laufe der Zeit entwickeln. Konstellationen sind auch nützlich, um andere Objekte am Himmel zu identifizieren, wie Galaxien und Nebel.

Supernovae und Neutronensterne

Supernovae und Neutronensterne sind zwei der spektakulärsten und faszinierendsten Phänomene im Universum. Supernovae sind kataklysmische Explosionen, die auftreten, wenn ein massereicher Stern sein Lebensende erreicht. Bei dieser Explosion wird eine Energiemenge freigesetzt, die Milliardenfach höher ist als die der Sonne und den umgebenden Raum kurzzeitig erhellt. Supernovae produzieren auch schwerere Elemente als Eisen, wie Gold, Blei und Uran, die für das Leben, wie wir es kennen, unverzichtbar sind.

Neutronensterne hingegen sind die extrem dichten Überreste einer Supernova. Sie sind äußerst kompakt und haben eine Masse, die der der Sonne entspricht, aber ihr Radius beträgt nur etwa 10 Kilometer. Neutronensterne rotieren oft sehr schnell und senden Jets extrem schneller Materie aus, wodurch Röntgen- und Gammastrahlenemissionen entstehen, die von der Erde aus sichtbar sind.

Diese Phänomene spielen eine wesentliche Rolle in der Entwicklung des Universums. Supernovae sind für die Produktion der überwiegenden Mehrheit der schwereren Elemente als Eisen verantwortlich, die für die Bildung von Leben notwendig sind. Neutronensterne sind ebenfalls an der Produktion dieser Elemente beteiligt und spielen eine Hauptrolle bei der Erzeugung von Gravitationswellen, die kürzlich zum ersten Mal von Wissenschaftlern nachgewiesen wurden.

Die Erforschung von Supernovae und Neutronensternen befindet sich in ständiger Entwicklung. Astronomen verwenden boden- und weltraumgestützte Teleskope, um diese Phänomene zu beobachten und Daten über ihr Verhalten zu sammeln. Neue numerische Modellierungstechniken und Simulationen werden ebenfalls verwendet, um die physikalischen Prozesse, die bei diesen Explosionen ablaufen, besser zu verstehen.

Die Erforschung von Supernovae und Neutronensternen ist auch wichtig, um die Geschichte des Universums und seine Struktur auf großen Skalen zu verstehen. Tatsächlich sind Supernovae entscheidend für die Messung von Entfernungen im Universum, da ihre charakteristische Helligkeit als Standardkerzen verwendet werden kann. Neutronensterne sind ebenfalls wichtig, da ihre starke Gravitation das Licht anderer Objekte ablenken kann und somit einen einzigartigen Einblick in die Struktur des Universums bietet.

Galaxien

Galaxientypen und ihre Strukturen

Galaxien sind faszinierende Objekte in unserem Universum. Sie sind Ansammlungen von Sternen, Gas und interstellarem Staub und ihre Vielfalt ist genauso beeindruckend wie ihre Größe. Wissenschaftler haben lange Zeit versucht, die unterschiedlichen Strukturen von Galaxien und die Prozesse, die zu ihrer Entstehung geführt haben, zu verstehen.

Galaxien können nach ihrer Form, Größe und Zusammensetzung in verschiedene Typen eingeteilt werden. Die am häufigsten verwendete Klassifizierung basiert auf der morphologischen Form der Galaxie, die entweder elliptisch, spiralig oder irregulär sein kann.

Elliptische Galaxien sind in der Regel die größten und haben eine ovale Form. Sie bestehen hauptsächlich aus alten Sternen und enthalten wenig interstellares Gas und Staub. Sie haben oft ein glattes und einheitliches Aussehen und werden häufig als Überreste früherer Galaxienfusionen angesehen.

Spiralgalaxien hingegen haben eine charakteristische Form mit deutlich erkennbaren Spiralarmen, die vom Zentrum nach außen verlaufen. Diese Arme enthalten Wolken aus interstellarem Gas und Staub, in denen neue Sterne entstehen. Spiralgalaxien haben auch eine dichte zentrale Region namens Kern, in der sich oft supermassereiche Schwarze Löcher befinden. Unsere eigene Galaxie, die

Milchstraße, ist eine Spiralgalaxie.

Irreguläre Galaxien haben eine chaotische Form und können weder als elliptisch noch als spiralig klassifiziert werden. Sie entstehen oft durch Kollisionen oder Verschmelzungen von Galaxien. Irreguläre Zwerggalaxien sind die häufigsten aller Galaxien und sind oft Satelliten von größeren Galaxien.

Neben ihrer Form können Galaxien auch nach ihrem Gehalt an Dunkler Materie klassifiziert werden. Dunkle Materie ist eine hypothetische Form von Materie, die nicht direkt nachgewiesen werden kann, jedoch zur Erklärung kosmologischer Beobachtungen postuliert wurde. Galaxien, die reich an Dunkler Materie sind, wie Zwerggalaxien, sind in der Regel kleiner als Galaxien mit geringem Dunkler Materie-Anteil.

Einige Galaxien, wie aktive Galaxien, haben sehr helle Kerne und emittieren enorme Mengen an Strahlung. Aktive Galaxien werden oft mit schnell rotierenden supermassereichen Schwarzen Löchern in Verbindung gebracht, die Materie aus dem Zentrum der Galaxie ansaugen. Dieser Prozess des Materieeinfangs durch ein Schwarzes Loch erzeugt Plasmajets, die in beträchtlichen Entfernungen von der Galaxie beobachtbar sind.

Galaxien haben auch komplexe Wechselwirkungen mit ihrer kosmischen Umgebung. Galaxien können sich gegenseitig anziehen und verschmelzen, wodurch größere Galaxien entstehen. Diese Kollisionen können auch stellare Scheiben und Gaswolken stören und die Entstehung von Sternen stimulieren, was zu Regionen intensiver stellarer Bildung führt.

Zusammenfassend sind Galaxien faszinierende und vielfältige Strukturen in unserem Universum. Ihre Form, Größe, ihr Dunkle Materie-Gehalt und ihre komplexe kosmische Umgebung machen sie einzigartig.

Die Milchstraße und ihre Nachbargalaxien

Die Milchstraße ist unsere Galaxie, eine riesige Ansammlung von Sternen, Gas und Staub, die sich über etwa 100.000 Lichtjahre erstreckt. Sie verdankt ihren Namen der Tatsache, dass sie aus der Perspektive der Erde als ein weißes Band aus Licht am nächtlichen Himmel erscheint. Die Milchstraße ist eine der beiden bekannten großen Spiralgalaxien, die andere ist die Andromeda-Galaxie, und sie enthält etwa 200 bis 400 Milliarden Sterne.

Unser Wissen über die Struktur der Milchstraße beruht größtenteils auf der Messung der Verteilung des Lichts von Sternen in der Galaxie sowie auf der Beobachtung ihrer Bewegung. Diese Studien haben uns gezeigt, dass unsere Galaxie eine scheibenförmige Struktur hat, mit einem zentralen Bulge und spiraligen Armen, die sich um das Zentrum winden.

Die Sterne in der Scheibe der Milchstraße sind jung und reich an schweren Elementen, während die Sterne im Halo der Galaxie älter und ärmer an schweren Elementen sind. Der Halo ist auch der Bereich, in dem der Großteil der Kugelsternhaufen der Milchstraße zu finden ist. Kugelsternhaufen sind sehr dichte und sehr alte Sterngruppen, die um das galaktische Zentrum kreisen. Die Milchstraße besitzt etwa 150 solcher Haufen, die hervorragende Werkzeuge zur Erforschung der Entwicklung der Galaxie sind.

Die Milchstraße ist von mehreren Nachbargalaxien umgeben, darunter die Magellanschen Wolken, zwei irreguläre Zwerggalaxien, die sich etwa 160.000 Lichtjahre von der Milchstraße entfernt befinden, und die Andromeda-Galaxie, die sich etwa 2,5 Millionen Lichtjahre entfernt befindet. Die Magellanschen Wolken sind leicht mit bloßem Auge von der südlichen Hemisphäre aus sichtbar, während die Andromeda-Galaxie in ländlichen Gebieten mit bloßem Auge sichtbar ist.

Zwerggalaxien sind die häufigsten Begleiter von größeren Galaxien wie der Milchstraße. Sie haben oft irreguläre Formen und enthalten nur wenige Sterne. Zwerggalaxien sind auch wichtig, da sie oft reich an Dunkler Materie sind, was Astronomen ermöglicht, die Verteilung von Dunkler Materie im Universum zu untersuchen.

Die massereichsten Galaxien werden oft von einer großen Anzahl kleiner Satellitengalaxien umgeben. Die Milchstraße besitzt etwa 50 Satellitengalaxien, von denen die meisten sehr klein sind und schwer zu erkennen sind. Einige dieser Satellitengalaxien sind dabei, mit der Milchstraße zu verschmelzen und tragen so zum Wachstum der Galaxie bei.

Durch die Untersuchung der Verteilung von Galaxien im Universum können Astronomen verstehen, wie Materie sich zu großen Strukturen wie Galaxienhaufen und Superhaufen ansammelte. Diese Studien können uns auch helfen, die Ausdehnung des Universums und die Eigenschaften von Dunkler Materie und Dunkler Energie zu verstehen.

Die Entstehung und Entwicklung von Galaxien

Die Entstehung und Entwicklung von Galaxien ist eines der faszinierendsten Gebiete der Astronomie. Durch die Beobachtung von Galaxien sind wir Zeugen der Geschichte des Universums selbst. Galaxien sind massive Objekte, bestehend aus Gas, Staub und Sternen, die aus kleinen Dichteschwankungen im frühen intergalaktischen Medium entstanden sind. Beobachtungen und Simulationen haben dazu beigetragen, die physikalischen Prozesse besser zu verstehen, die zur Bildung von Galaxien geführt haben.

Die Bildung von Galaxien begann etwa 400 Millionen Jahre nach dem Urknall, als die ersten Gasansammlungen unter dem Einfluss der Gravitation zu kollabieren begannen. Diese Ansammlungen kühlten allmählich ab und zogen sich zusammen, um dichte molekulare Gaswolken zu bilden. Diese Wolken fragmentierten dann, um Sterne und Sternhaufen zu bilden, die weiterhin unter dem Einfluss der Gravitation kollabierten und die galaktischen Kerne bildeten.

Im Laufe der Zeit wuchsen Galaxien durch Fusionen mit anderen Galaxien und durch die Ansammlung von Gas und Staub weiter. Kollisionen zwischen Galaxien führten oft zu Phasen intensiver Sternenbildung, bekannt als «Sternentstehungsschübe». Diese Schübe erzeugten massereiche und leuchtende Sterne, die das interstellare

Medium mit schweren Elementen wie Kohlenstoff, Sauerstoff und Eisen anreicherten.

Galaxien haben eine große Vielfalt an Formen und Größen. Spiralgalaxien wie die Milchstraße haben gut definierte Spiralarme und enthalten oft aktive Kerne, in denen ein supermassereiches Schwarzes Loch Materie aufnimmt. Elliptische Galaxien hingegen haben eine eher abgerundete Form und enthalten keine erkennbare Spiralstruktur. Irreguläre Galaxien sind Galaxien, die keiner regelmäßigen Struktur folgen und oft das Ergebnis von Kollisionen oder gravitativen Wechselwirkungen mit anderen Galaxien sind.

Die Entstehung und Entwicklung von Galaxien sind eng mit Dunkler Materie verbunden, einer unsichtbaren Form von Materie, die gravitativ mit gewöhnlicher Materie wechselwirkt, aber direkt nicht nachgewiesen werden kann. Numerische Simulationen haben gezeigt, dass Dunkle Materie eine wichtige Rolle bei der Bildung von Galaxien spielt, indem sie ein gravitatives Potenzial für gewöhnliche Materie bereitstellt.

(Diese vollständige Übersetzung entspricht dem Übersetzungsstil und der Sprachqualität, die ein professioneller Übersetzer anstreben würde.)

Andere Himmelsobjekte

Schwarze Löcher

Schwarze Löcher sind eines der seltsamsten und faszinierendsten Phänomene im Universum. Sie sind Regionen im Weltraum, in denen die Schwerkraft so stark ist, dass nichts, nicht einmal Licht, entkommen kann. Schwarze Löcher entstehen, wenn massereiche Sterne am Ende ihres Lebens kollabieren.

Die erste Theorie über schwarze Löcher stammt aus dem frühen 20. Jahrhundert, als der deutsche Physiker Karl Schwarzschild Albert Einsteins allgemeine Relativitätsgleichungen löste, um eine Region im Weltraum zu beschreiben, in der die Gravitation so intensiv ist, dass jegliche Materie und Strahlung daran gehindert werden, zu entkommen.

Seitdem haben zahlreiche Beobachtungen die Existenz schwarzer Löcher bestätigt, insbesondere durch ihre Auswirkungen auf umgebende Objekte wie Sterne und Gas. Schwarze Löcher variieren in Größe, von wenigen Kilometern bis hin zu milliardenfach solaren Massen. Die kleinsten werden als primordiale schwarze Löcher bezeichnet, während die größten als supermassive schwarze Löcher bekannt sind. Letztere werden vermutet, sich im Zentrum fast aller Galaxien, einschließlich unserer Milchstraße, zu befinden.

Schwarze Löcher mögen wie «kosmische Staubsauger» erscheinen, spielen aber tatsächlich eine wichtige Rolle bei der Regulierung physikalischer Prozesse im Universum. Sie sind an der Entstehung von Sternen, der Entwicklung von Galaxien und sogar an der Bildung einiger der massivsten Strukturen im Universum, wie Quasaren, beteiligt.

Trotz ihres erschreckenden Namens stellen schwarze Löcher keine Gefahr für uns dar, da sie weit entfernt von unserem Sonnensystem liegen. Dennoch sind sie ein wichtiges Forschungsthema für Astronomen und Physiker, da sie noch von Geheimnissen umgeben sind.

Schwarze Löcher haben auch Werke der Fiktion und viele Filme wie «Interstellar» oder «Event Horizon» inspiriert. Sie faszinieren und rätseln sowohl Wissenschaftler als auch die breite Öffentlichkeit, da sie eine Grenze zwischen dem Bekannten und dem Unbekannten darstellen und neue Erkenntnisse über das Universum ermöglichen.

Exoplaneten

In diesem Abschnitt werden wir das spannende Gebiet der Exoplaneten erkunden, also Planeten außerhalb unseres Sonnensystems. Seit der Entdeckung des ersten Exoplaneten im Jahr 1995 haben Astronomen Tausende dieser faszinierenden Himmelskörper entdeckt. Wir werden herausfinden, was sie so besonders macht und mit welchen Herausforderungen Wissenschaftler bei ihrer Untersuchung konfrontiert werden.

Exoplaneten sind Himmelskörper, die um andere Sterne als unsere Sonne kreisen. Die meisten bisher entdeckten

Exoplaneten sind gasförmige Riesen ähnlich dem Jupiter, da sie aufgrund ihrer Größe leichter zu erkennen sind. Durch technologische Fortschritte wurden jedoch immer mehr kleinere Exoplaneten entdeckt, ähnlich der Erde. Diese Exoplaneten sind aufregende Ziele für die Suche nach außerirdischem Leben.

Methoden zur Entdeckung von Exoplaneten umfassen die Radialgeschwindigkeitsmethode, die die Schwankungen des Gastgebersterns aufgrund der Schwerkraft des Planeten misst, und die Transitmethode, die den Rückgang der Helligkeit des Gastgebersterns misst, wenn der Planet vorüberzieht. Beide Methoden haben ihre Vor- und Nachteile, aber zusammen haben sie die Entdeckung Tausender Exoplaneten in der Milchstraße ermöglicht.

Die Untersuchung von Exoplaneten ist wichtig, um die Bildung und Entwicklung von Planetensystemen außerhalb unseres eigenen zu verstehen. Exoplaneten können uns auch dabei helfen, die Bewohnbarkeit dieser Welten und die Suche nach außerirdischem Leben besser zu verstehen. Eigenschaften von Exoplaneten wie ihre Größe, ihre atmosphärische Zusammensetzung und ihre Entfernung zu ihrem Gastgeberstern können uns Hinweise auf ihre Bewohnbarkeit geben.

Die Untersuchung von Exoplaneten birgt jedoch auch wichtige Herausforderungen. Die meisten Exoplaneten sind zu weit entfernt, um direkt beobachtet zu werden, wodurch es schwierig ist, ihre Zusammensetzung und Bewohnbarkeit zu bestimmen. Darüber hinaus befinden sich Exoplaneten oft in der Nähe ihres Gastgebersterns und sind extremen Bedingungen wie hohen Temperaturen und Sonnenwinden ausgesetzt. Wissenschaftler müssen daher innovative Methoden finden, um diese entfernten Welten zu untersuchen.

Dunkle Materie und dunkle Energie

Dunkle Materie und dunkle Energie sind zwei geheimnisvolle Bestandteile des Universums. Sie machen etwa 95% der Gesamtenergiedichte des Universums aus, aber ihre genaue Natur ist immer noch unbekannt. Dunkle Materie ist unsichtbar und emittiert keine elektromagnetische Strahlung, übt aber eine gravitative Kraft auf umgebende Objekte aus. Dunkle Energie hingegen ist eine Form von Energie, die die Expansion des Universums zu beschleunigen scheint.

Die Erforschung von dunkler Materie und dunkler Energie ist ein sich ständig weiterentwickelndes Gebiet, aber es gibt mehrere Theorien, um ihre Existenz im Universum zu erklären. Einige Theorien postulieren, dass dunkle Materie aus hypothetischen Teilchen namens WIMPs (Weakly Interacting Massive Particles) besteht, während andere vorschlagen, dass sie aus unentdeckter baryonischer Materie oder mikroskopischen schwarzen Löchern besteht. In Bezug auf dunkle Energie betrachten einige Theorien sie als kosmologische Konstante, während andere darauf hinweisen, dass sie mit einer Modifikation der Gravitation im großen Maßstab in Verbindung stehen könnte.

Wissenschaftler untersuchen dunkle Materie und dunkle Energie auf verschiedene Weise. Beispielsweise untersuchen

Astronomen die gravitativen Auswirkungen von dunkler Materie auf Galaxien und Galaxienhaufen sowie die Fluktuationen der Materiedichte im Universum. Dunkle Energie hingegen wird durch die Analyse der Beschleunigung der Expansion des Universums und der Eigenschaften von Supernovae des Typs Ia untersucht.

Das Verständnis von dunkler Materie und dunkler Energie ist entscheidend, um die Struktur und Entwicklung des Universums besser zu verstehen. Ihre Existenz hat Auswirkungen auf die Bildung und Verteilung von Galaxien sowie auf die allgemeine Expansion des Universums. Darüber hinaus kann ihre Untersuchung dazu beitragen, Gravitationstheorien zu testen und unser Verständnis der Grundlagenphysik zu verbessern.

Zusammenfassend sind dunkle Materie und dunkle Energie entscheidende Bestandteile des Universums, deren genaue Natur jedoch ein Rätsel bleibt. Wissenschaftler arbeiten weiter daran, diese rätselhaften Phänomene und ihre Auswirkungen auf das gesamte Universum besser zu verstehen.

Astronomische Beobachtung und Beobachtungstechniken

Die Instrumente zur Beobachtung und Messung

Die Instrumente zur Beobachtung und Messung sind für die Astronomie unerlässlich, da sie uns genaue und zuverlässige Daten über himmlische Objekte liefern. Diese Instrumente sind oft sehr komplex und ausgefeilt, da sie in der Lage sein müssen, äußerst geringe Mengen zu messen oder sehr schwache Signale von weit entfernten Objekten zu erfassen.

Eines der gebräuchlichsten Instrumente in der Astronomie ist das Teleskop. Optische Teleskope, die Linsen und Spiegel verwenden, um Licht zu sammeln und zu fokussieren, sind am gebräuchlichsten. Radioteleskope, die Radiowellen von himmlischen Objekten empfangen, sind ebenfalls von großer Bedeutung. Infrarot- und Röntgenteleskope werden ebenfalls verwendet, um Daten über himmlische Objekte zu sammeln, die keine sichtbares Licht abgeben.

Bildgebende Instrumente sind ebenfalls sehr wichtig in der Astronomie. CCD-Kameras und Lichtdetektoren werden verwendet, um Bilder von himmlischen Objekten aufzunehmen. Spektrometer werden verwendet, um das von himmlischen Objekten emittierte Licht zu messen und ihre chemische Zusammensetzung und Geschwindigkeit zu bestimmen.

Atomuhren sind ebenfalls unerlässlich für die Astronomie.

Diese Uhren werden verwendet, um die Zeit genau zu messen, was den Astronomen ermöglicht, die Bewegungen der himmlischen Objekte zu verfolgen und ihre genaue Position zu berechnen.

Schließlich sind auch Computer in der Astronomie sehr wichtig. Astronomen verwenden Computer, um die von den Beobachtungsinstrumenten gesammelten Daten zu speichern und zu analysieren. Computermodelle werden auch zur Simulation der Bewegungen himmlischer Objekte und zur Vorhersage ihres zukünftigen Verhaltens verwendet.

Zusammenfassend gesagt sind die Instrumente zur Beobachtung und Messung für die Astronomie unverzichtbar, da sie es den Astronomen ermöglichen, genaue und zuverlässige Daten über himmlische Objekte zu sammeln. Teleskope, bildgebende Instrumente, Spektrometer, Atomuhren und Computer sind alles wichtige Instrumente, die in der Astronomie verwendet werden. Ohne sie könnten wir keine so umfassende Vorstellung von dem Universum haben, das uns umgibt.

Bildgebung und Spektroskopie-Techniken

In der Astronomie sind Bildgebung und Spektroskopie wichtige Techniken, um Informationen über himmlische Objekte zu erhalten und ihre Beschaffenheit zu verstehen. Bei der Bildgebung werden Bilder von himmlischen Objekten aufgenommen, während die Spektroskopie es ermöglicht, das von diesen Objekten emittierte oder reflektierte Licht zu analysieren.

In der Astronomie kann Bildgebung in verschiedenen Wellenlängenbereichen des elektromagnetischen Spektrums durchgeführt werden, von Radiowellen bis hin zu Röntgenstrahlen. Optische Teleskope werden am häufigsten zur Bildgebung verwendet, aber es gibt auch spezielle Teleskope für andere Wellenlängenbereiche, wie Radioteleskope und Infrarotteleskope.

Die Spektroskopie ermöglicht die Analyse des von himmlischen Objekten emittierten oder reflektierten Lichts, um deren Zusammensetzung, Temperatur, Geschwindigkeit usw. abzuleiten. Die Spektroskopie kann ebenfalls in verschiedenen Wellenlängenbereichen des elektromagnetischen Spektrums durchgeführt werden. Spektrometer sind die am häufigsten verwendeten Instrumente für die Spektroskopie in der Astronomie.

Die mittels Bildgebung und Spektroskopie gewonnenen Bilder und Spektren werden oft digital verarbeitet, um die Qualität der Daten zu verbessern und die Analyse zu erleichtern. Bildverarbeitungs- und Spektroskopie-Software sind daher unverzichtbare Werkzeuge für Astronomen.

Bildgebung und Spektroskopie werden in vielen Bereichen der Astronomie eingesetzt, z. B. bei der Untersuchung von Sternen, Galaxien, Nebeln und extrasolaren Planeten. Durch die Untersuchung der Spektren des von einem Stern emittierten Lichts können Astronomen seine chemische Zusammensetzung, Temperatur und Rotationsgeschwindigkeit bestimmen. Bei der Bildgebung können die Oberflächenstruktur eines Planeten oder die verschiedenen Phasen bei der Entstehung eines Sterns beobachtet werden.

Abschließend ist es wichtig zu betonen, dass Bildgebung und Spektroskopie in der Astronomie ständig weiterentwickelte Bereiche sind. Durch technologische Fortschritte und neue Teleskope können immer präzisere und detailliertere Bilder und Spektren erzeugt werden, was neue Möglichkeiten für Forschung und Entdeckung eröffnet.

Photometrie

Die Photometrie ist ein wichtiger Bereich der Astronomie, da sie es ermöglicht, die Helligkeit himmlischer Objekte zu messen und somit Informationen über ihre Temperatur, Größe, chemische Zusammensetzung, Entfernung und vieles mehr zu erhalten. Die Photometrie wird verwendet, um verschiedene Objekte im Universum zu untersuchen, wie z.B. Sterne, Planeten, Galaxien, Nebel und Sternhaufen.

Die Untersuchung von Sternen ist einer der wichtigsten Anwendungsbereiche der Photometrie. Durch die Messung ihrer Helligkeit können wir ihren spektralen Typ, ihre Temperatur und ihre Masse bestimmen. Besonders interessant sind veränderliche Sterne, deren Helligkeit im Laufe der Zeit schwankt, da sie Informationen über die stellare Entwicklung liefern können. Die Photometrie ermöglicht die Messung der Perioden der Helligkeitsschwankungen dieser Sterne, was zur Bestimmung ihrer Masse, ihres Alters und ihrer chemischen Zusammensetzung beitragen kann.

Die Photometrie wird auch zur Erforschung von extrasolaren Planeten eingesetzt, d.h. Planeten, die um Sterne außerhalb unseres Sonnensystems kreisen. Durch die Messung des Helligkeitsabfalls des Wirtssterns, wenn ein Planet vorüberzieht, können wir die Größe und Umlaufbahn des Planeten bestimmen. Die Photometrie kann auch Einblicke in die Atmosphäre von extrasolaren Planeten liefern, indem sie die Helligkeitsänderungen misst, wenn der Planet vor dem Wirtsstern vorüberzieht.

Objekte, die elektromagnetische Strahlung in verschiedenen Wellenlängenbereichen abgeben, können ebenfalls mithilfe der Photometrie untersucht werden. Zum Beispiel ermöglicht die Infrarot-Photometrie die Untersuchung von Objekten wie fernen Galaxien und Nebeln, die hauptsächlich in diesem Wellenlängenbereich emittieren.

Photometer sind die Instrumente, die zur Messung der Helligkeit himmlischer Objekte verwendet werden. Sie sind so konzipiert, dass sie die Menge an von einem himmlischen Objekt bei einer bestimmten Wellenlänge emittiertem Licht erfassen. Moderne Photometer können mit empfindlichen Detektoren ausgestattet sein, die die Helligkeit auf extrem niedrigen Niveaus messen können und somit die Untersuchung sehr entfernter Objekte ermöglichen.

Photometrie ist ein unverzichtbares Werkzeug für Astronomen, da sie Informationen über die Beschaffenheit himmlischer Objekte liefert. Durch die Messung der Helligkeit dieser Objekte können Astronomen ihre Entwicklung, chemische Zusammensetzung und ihr Verhalten besser verstehen. Die Photometrie wird auch in vielen anderen

Bereichen der Astronomie verwendet, wie z.B. der Suche nach extrasolaren Planeten, der Untersuchung von Objekten, die elektromagnetische Strahlung in verschiedenen Wellenlängen emittieren, und vielem mehr.

Astrometrie

Astrometrie ist ein grundlegender Bereich der Astronomie, der es ermöglicht, die Position, Bewegung und Entfernung himmlischer Objekte mit großer Genauigkeit zu messen. Diese Disziplin spielt eine entscheidende Rolle bei unserem Verständnis des Universums, da sie es uns ermöglicht, den Raum innerhalb von drei Dimensionen zu kartieren und die Entwicklung von Sternen, Planeten und Galaxien im Laufe der Zeit zu verfolgen.

Um die scheinbare Position von Himmelskörpern am Himmel zu messen, verwendet die Astrometrie Instrumente wie Teleskope, Kameras, Spektrografen und CCD-Sensoren. Mit diesen Werkzeugen können die Astronomen die Bewegung von Sternen, Planeten und Asteroiden im Laufe der Zeit mit großer Präzision verfolgen.

Einer der wichtigsten Aspekte der Astrometrie ist die Bestimmung der Entfernung von Sternen. Hierfür nutzen Astronomen die Parallaxenmethode, bei der die scheinbare Position eines Sterns zu zwei verschiedenen Zeitpunkten im Jahr gemessen wird, wenn die Erde sich in entgegengesetzten Positionen um die Sonne befindet. Diese Methode ermöglicht es, die Entfernung von Sternen bis zu etwa 1000 Lichtjahren zu berechnen. Die Parallaxe ermöglicht auch die Bestimmung physikalischer Eigenschaften von Sternen wie Größe, Helligkeit und Temperatur.

Astrometrie wird auch verwendet, um die Bewegung von Körpern im Sonnensystem zu untersuchen. Planeten, Monde und Asteroiden haben komplexe Bahnen, die durch die Schwerkraft anderer Körper im Sonnensystem beeinflusst werden. Durch genaues Messen ihrer scheinbaren Position im Laufe der Zeit können Astronomen ihre Bewegung und Bahn mit großer Präzision bestimmen. Diese Messungen sind entscheidend, um Sonnenfinsternisse, Planetentransite und -okkultationen vorherzusagen sowie die Bahn von Asteroiden und potenziell gefährlichen Kometen für die Erde zu verfolgen.

Darüber hinaus wird die Astrometrie auch zur Entdeckung von extrasolaren Planeten eingesetzt. Wenn ein Planet um einen Stern kreist, verursacht er eine leichte Schwingung des Sterns um ihren gemeinsamen Massenschwerpunkt. Diese Schwingung kann mithilfe astrometrischer Techniken gemessen werden und ermöglicht die Entdeckung von Exoplaneten, die zu klein oder zu nah an ihrem Stern sind, um mit anderen Methoden entdeckt zu werden. Diese Technik wurde zur Entdeckung einiger der ersten Exoplaneten verwendet, darunter 51 Pegasi b, der erste Exoplanet, der um einen sonnenähnlichen Stern entdeckt wurde.

Schließlich spielt die Astrometrie eine wichtige Rolle bei der Kartierung des Universums auf großen Skalen. Durch präzise Messung der Position und Bewegung von Galaxien können die Astronomen die Geschichte der Bildung und Entwicklung kosmischer Strukturen im Laufe der Zeit rekonstruieren.

Teleskope und Observatorien

Optische Teleskope

Optische Teleskope gehören zu den wichtigsten Werkzeugen der Astronomen. Mit diesen Instrumenten kann das Licht von Sternen und Galaxien gesammelt und auf einen Brennpunkt konzentriert werden, wo es analysiert und untersucht werden kann.

Optische Teleskope können unterschiedliche Größen haben, von wenigen Zentimetern bis zu mehreren Metern Durchmesser. Die größten optischen Teleskope sind oft in Observatorien auf Berggipfeln platziert, um die Auswirkungen von Lichtverschmutzung und Atmosphäre zu minimieren.

Optische Teleskope können mit verschiedenen Instrumenten ausgestattet werden, wie Kameras, Spektrographen und Polarimetern, um verschiedene Aspekte des Lichts von Himmelskörpern zu untersuchen. Kameras ermöglichen die Aufnahme von Bildern von Objekten, während Spektrographen die chemische Zusammensetzung und Temperatur der Objekte sowie ihre Bewegung messen.

Optische Teleskope können zur Untersuchung verschiedener Objekte verwendet werden, wie Sterne, Galaxien, Nebel und Sternhaufen. Sie können auch verwendet werden, um Phänomene wie Sonnenfinsternisse und den Transit von Exoplaneten zu untersuchen.

Die Auflösung eines optischen Teleskops hängt von der

Wellenlänge des gesammelten Lichts und der Größe des Spiegels oder der Linse ab. Eine höhere Auflösung ermöglicht es, feinere Details in den Bildern zu erkennen.

Allerdings haben optische Teleskope ihre Grenzen. Die Erdatmosphäre kann die Qualität des gesammelten Bildes aufgrund atmosphärischer Turbulenz beeinträchtigen, was die Auflösung begrenzt. Um dies auszugleichen, verwenden Astronomen oft adaptive Optiktechniken, um die Auswirkungen atmosphärischer Turbulenzen zu korrigieren.

Darüber hinaus ist die Sammlung von Licht durch die Menge des verfügbaren Lichtes begrenzt. Optische Teleskope können nicht alle Wellenlängen des Lichts erkennen, was bedeutet, dass sie bestimmte Arten von Strahlung wie Radiowellen und Röntgenstrahlen nicht erkennen können.

Trotz dieser Einschränkungen bleiben optische Teleskope eines der wichtigsten Werkzeuge für Astronomen. Sie haben zu vielen wichtigen Entdeckungen in der Astronomie geführt und spielen auch heute noch eine Schlüsselrolle in der astronomischen Forschung.

Radio- und Infrarotteleskope

Radio- und Infrarotteleskope sind wichtige Werkzeuge in der Astronomie, da sie unsichtbare Himmelskörper studieren können, die mit optischen Teleskopen nicht sichtbar sind. Radio-Teleskope können elektromagnetische Wellen detektieren, die von interstellaren Gas- und Staubemissionen sowie von Radioemissionen von Sternen und Galaxien erzeugt werden. Infrarotteleskope werden verwendet, um die von Himmelskörpern emittierte Wärme zu detektieren und so die Bildung von Sternen und interstellarem Staub zu kartieren.

Radio-Teleskope verwenden Parabolantennen, um elektromagnetische Wellen zu sammeln, die dann verstärkt und analysiert werden. Infrarotteleskope verwenden wärmeempfindliche Detektoren, um die Infrarotemissionen von Himmelskörpern zu erfassen.

Radio-Teleskope haben dazu beigetragen, Phänomene wie Pulsare, Quasare, Radioemissionen der Milchstraße und Gamma-Blitze zu entdecken. Sie werden auch zur Kartierung der Gasverteilung in Galaxien und zum Studium von interstellaren Staubwolken verwendet. Infrarotteleskope haben die Entdeckung von entstehenden Sternen, molekularen Wolken sowie Objekten wie Kometen und Asteroiden ermöglicht.

Radio- und Infrarotteleskope werden oft in Verbindung mit optischen Teleskopen verwendet, um ein umfassendes Bild des Universums zu liefern. Durch Beobachtungen in verschiedenen Wellenlängen können Astronomen die physikalischen Eigenschaften himmlischer Objekte wie ihre Temperatur, Zusammensetzung und Bewegung verstehen.

Radio- und Infrarotteleskope werden auch zur Suche nach Lebenszeichen im Universum eingesetzt. Mit Infrarotteleskopen können Astronomen Biomarker nachweisen, organische Moleküle, die auf mögliche Lebensformen auf Exoplaneten hindeuten könnten. Radio-

Teleskope werden auch zur Erfassung außerirdischer Signale im Rahmen von Projekten wie SETI eingesetzt.

Röntgen- und Gamma-Teleskope

Röntgen- und Gammateleskope sind astronomische Instrumente, die hochenergetische elektromagnetische Strahlung wie Röntgen- und Gammastrahlen detektieren können, die von herkömmlichen optischen Teleskopen nicht erfasst werden können. Diese Teleskope sind entscheidend für die Erforschung der energiereichsten und gewalttätigsten Phänomene im Universum wie Supernova-Explosionen, Gammablitz-Ausbrüche, Schwarze Löcher und Pulsare.

Röntgenteleskope verwenden Röntgendetektoren, um das Licht zu sammeln. Diese Teleskope können entweder bodengebunden oder im Weltraum sein, aber die Mehrheit der Röntgenteleskope befindet sich in einer Erdumlaufbahn. Dies liegt daran, dass die Erdatmosphäre den Großteil der Röntgenstrahlen blockiert, was die Informationsgewinnung aus bodengebundenen Teleskopen erschwert. Weltraum-Röntgenteleskope können auch den Himmel in verschiedenen Wellenlängen beobachten, was wertvolle Informationen über Röntgenquellen liefert.

Gammateleskope hingegen detektieren Gammastrahlen, die noch energiereicher sind als Röntgenstrahlen. Bodengebundene Gammateleskope verwenden Detektoren, die an Stratosphärenballons oder Flugzeugen montiert sind, um Daten zu sammeln, während Weltraum-Gammateleskope in einer Erdumlaufbahn kreisen.

Eines der bekanntesten Gammateleskope ist das Weltraumteleskop Fermi der NASA, das 2008 gestartet wurde. Fermi wurde entwickelt, um Gammaquellen im Universum zu untersuchen, darunter Supernova-Explosionen, Gammablitz-Ausbrüche und Schwarze Löcher. Dank seiner Beobachtungen hat Fermi zu unserem Verständnis der Physik von Gammablitz-Ausbrüchen und der Entstehung von Schwarzen Löchern beigetragen.

Letztendlich sind Röntgen- und Gammateleskope unverzichtbare Werkzeuge für Astronomen, die die energiereichsten und gewalttätigsten Phänomene im Universum untersuchen wollen. Obwohl diese Teleskope vergleichsweise neu sind, haben sie bereits wichtige Entdeckungen ermöglicht, die unser Verständnis des Universums und seiner extremsten Phänomene erweitert haben.

Weltraumobservatorien und Sonden

Weltraumobservatorien und Sonden sind wertvolle Werkzeuge für Astronomen. Sie ermöglichen präzise Datenerhebung über das Universum, ohne von atmosphärischen Störungen beeinflusst zu werden, die die Ergebnisse terrestrischer Beobachtungen verfälschen könnten. Weltraumobservatorien und Sonden werden daher zur Erforschung vieler astronomischer Phänomene eingesetzt, darunter Sterne, Galaxien, Exoplaneten, Nebel, Sternhaufen, Schwarze Löcher und kosmologische Phänomene wie die kosmische Hintergrundstrahlung.

Zu den bekanntesten Weltraumobservatorien gehört das Hubble-Weltraumteleskop, das 1990 gestartet wurde und bis heute aktiv ist. Das Hubble-Teleskop hat Astronomen wichtige Daten über die Ausdehnung des Universums und die Entstehung von Sternen und Galaxien geliefert und spektakuläre Bilder des Universums produziert, die auch einem breiten Publikum zugänglich gemacht wurden.

Ein weiteres wichtiges Weltraumobservatorium ist das Spitzer-Weltraumteleskop, das speziell für die Infrarotbeobachtung des Universums konzipiert ist. Spitzer hat Astronomen wertvolle Daten über die Entstehung von Sternen und Planeten sowie über physikalische Prozesse in fernen Galaxien geliefert.

Raumsonden sind Raumfahrzeuge, die ins All geschickt werden, um Objekte wie Planeten, Kometen, Asteroiden und Sterne zu erkunden. Sie ermöglichen wichtige Daten über diese Objekte, wie ihre Zusammensetzung, Struktur, Bewegung und Wechselwirkung mit ihrer Umgebung.

Zu den bekanntesten Raumsonden gehören Voyager 1 und Voyager 2, die 1977 gestartet wurden und die Planeten des äußeren Sonnensystems bereist haben, bevor sie ihre interstellare Reise fortsetzten. Die Cassini-Huygens-Sonde, die 1997 gestartet wurde, hat mehr als 13 Jahre lang den Planeten Saturn und seine Monde untersucht und wichtige Daten über ihre Struktur und Entwicklung geliefert.

Weltraumobservatorien und Raumsonden sind wertvolle Werkzeuge für Astronomen. Sie ermöglichen genaue Daten über das Universum, erforschen ferne Raumobjekte und liefern wichtige Informationen über die Struktur und Entwicklung des Universums. Dank dieser Werkzeuge können Astronomen das Universum weiter erforschen und spannende neue Erkenntnisse über unseren Platz im Universum gewinnen.

Die physikalischen Prozesse im Universum

Die kosmologischen Modelle

Die kosmologischen Modelle haben sich seit Beginn der Astronomie stark weiterentwickelt. Von der Antike bis heute haben Wissenschaftler versucht, die Natur des Universums und seine Funktionsweise zu verstehen. Die moderne Kosmologie ist zu einer wichtigen Wissenschaft geworden, die die grundlegenden Gesetze des Universums untersucht und uns hilft, unseren Platz im Universum zu verstehen.

Das Big-Bang-Modell, eines der berühmtesten kosmologischen Modelle, basiert auf der Idee, dass das Universum vor ungefähr 13,8 Milliarden Jahren aus einem sehr dichten und heißen Ursprungszustand entstanden ist. Dieses anfängliche Ereignis wurde von einer schnellen und gewaltsamen Expansion namens Inflation gefolgt, die den Raum ausdehnte und die Dichte der Materie gleichmäßig machte. Seitdem dehnt sich das Universum weiter aus, kühlt sich ab und entwickelt sich weiter, indem es Galaxien, Sterne, Planeten und schließlich Leben bildet.

Es gibt jedoch immer noch viele Unsicherheiten und Debatten in der wissenschaftlichen Gemeinschaft über die Natur des Universums und wie es sich seit dem Urknall entwickelt hat. Astronomen versuchen herauszufinden, was die Inflation verursacht hat und wie sich galaktische Strukturen aus den anfänglichen Schwankungen in der Materiedichte gebildet haben.

Es wurden auch andere kosmologische Modelle vorgeschlagen, wie das oszillierende Universumsmodell, das ewige Universumsmodell und das sich wiederholende Universumsmodell. Jedes dieser Modelle hat seine Vor- und Nachteile und wird erforscht, um die Natur des Universums besser zu verstehen.

Kosmologische Beobachtungen haben faszinierende Phänomene entdeckt, wie Schwarze Löcher, Neutronensterne, Galaxien, Sternhaufen und Nebel. Wissenschaftler untersuchen auch dunkle Materie und dunkle Energie, zwei Konzepte, die notwendig sind, um kosmologische Beobachtungen zu erklären, aber immer noch sehr mysteriös sind.

Schließlich ist die Kosmologie auch mit der Suche nach außerirdischem Leben verbunden. Astronomen suchen aktiv nach Exoplaneten und nach Anzeichen von Leben im Universum mit Hilfe von Raum- und Teleskopen auf der Erde. Durch technologische Fortschritte wurden immer mehr Exoplaneten entdeckt, und die Suche nach Leben im Universum ist zu einem der spannendsten Themen der Kosmologie geworden.

Gravitation und allgemeine Relativitätstheorie

Die Gravitation ist eine der fundamentalen Kräfte im Universum, die für die Entstehung und Bewegung himmlischer Körper verantwortlich ist, von Planeten und Sternen bis hin zu Galaxien und dem Kosmos insgesamt. Sie wird durch Albert Einsteins Theorie der allgemeinen

Relativitätstheorie beschrieben, die unser Verständnis von Raum und Zeit revolutioniert hat.

Vor der Theorie der allgemeinen Relativitätstheorie wurde Gravitation als eine Kraft beschrieben, die zwischen massiven Objekten aus der Ferne wirkt. Aber Einsteins Theorie hat dieses Verständnis auf den Kopf gestellt und behauptet, dass Gravitation keine Kraft ist, sondern eine Manifestation der Geometrie von Raum und Zeit. Nach dieser Theorie krümmt die Anwesenheit eines massiven Körpers den Raum und die Zeit um sich herum, was dazu führt, dass sich die Bahnen von Körpern in Bewegung um ihn herum abweichen. Die Gravitation ist also eine Manifestation der Raum-Zeit-Krümmung und keine physische Wechselwirkung zwischen Körpern.

Diese Beschreibung der Gravitation wurde experimentell mehrfach bestätigt, insbesondere durch die Beobachtung von gravitativen Linseneffekten und von Gravitationswellen. Gravitationale Linsen sind ein Phänomen, das von der allgemeinen Relativitätstheorie vorhergesagt wird, bei dem das Licht einer entfernten Quelle durch die Krümmung der Raum-Zeit um einen massereichen Körper im Vordergrund abgelenkt wird und eine verzerrte Abbildung der Quelle erzeugt. Gravitationswellen dagegen sind Raum-Zeit-Wellen, die sich mit Lichtgeschwindigkeit ausbreiten und von massiven Körpern in Bewegung emittiert werden.

Die allgemeine Relativitätstheorie hat auch dazu beigetragen, astrophysikalische Phänomene zu verstehen, die starke Gravitationsfelder beinhalten, wie Schwarze Löcher und Neutronensterne. Schwarze Löcher sind so massiv und kompakt, dass ihre Gravitation so stark ist, dass nichts, nicht einmal Licht, aus ihnen entkommen kann. Neutronensterne hingegen sind Überreste von massereichen Sternen, die in einer Supernova-Explosion zerbrochen sind und eine extrem hohe Gravitation haben. Diese massereichen Objekte beeinflussen die Krümmung von Raum und Zeit um sich herum signifikant und haben Auswirkungen auf die Bewegung himmlischer Körper in ihrer Umgebung.

Astrophysikalische Beobachtungen haben auch die allgemeine Relativitätstheorie bestätigt, insbesondere durch die präzise Messung der Umlaufbahn von Merkur um die Sonne und die Detektion von Gravitationswellen, die von Ereignissen wie der Verschmelzung von zwei Schwarzen Löchern oder zwei Neutronensternen emittiert werden. Die präzise Messung der Umlaufbahn von Merkur hat gezeigt, dass die gravitative Wirkung der Sonne den Raum und die Zeit um sie herum entsprechend der Einstein'schen Theorie krümmt, während Gravitationswellen von Laserinterferometern wie LIGO und VIRGO detektiert wurden.

Die Physik von Sternen und Galaxien

Die Physik von Sternen und Galaxien ist ein faszinierender Zweig der Astronomie, der es uns ermöglicht zu verstehen, wie diese Himmelskörper entstehen, sich entwickeln und im Universum interagieren. Sterne und Galaxien sind dynamische Strukturen, die den Kräften der Gravitation, dem Druck und extremen Temperaturen ausgesetzt sind. In diesem Abschnitt werden die wichtigsten Konzepte der Physik von Sternen und Galaxien untersucht.

Die Entstehung und Entwicklung von Sternen sind komplexe Prozesse, die von den Gesetzen der Physik reguliert werden. Sterne entstehen aus Gas- und Staubwolken in Sternentstehungsregionen. Die Schwerkraft zieht Materie zum Zentrum der Entstehungsregion, wo Temperatur und Druck zunehmen, bis Kernfusion einsetzt und ein Stern geboren wird. Die Masse des Sterns bestimmt seine Entwicklung. Massereiche Sterne haben ein kurzes und explosives Leben, während Sterne mit geringerer Masse ein längeres und ruhigeres Leben haben.

Sterne entwickeln sich im Laufe der Zeit, und ihr Schicksal wird durch ihre anfängliche Masse bestimmt. Sterne mit geringerer Masse, wie unsere Sonne, werden am Ende ihres Lebens zu Weißen Zwergen. Massereiche Sterne hingegen werden als Supernovae enden und Neutronensterne oder Schwarze Löcher hinterlassen. Doppelsterne, bei denen zwei Sterne um einander kreisen, können Materieaustausche erfahren, die ihre Entwicklung beeinflussen und sogar zur Verschmelzung der beiden Sterne führen können.

Galaxien sind massive Strukturen, die Milliarden von Sternen und interstellarem Material enthalten. Galaxien werden je nach Form klassifiziert, wie spiralgalaktische, elliptische oder irreguläre Galaxien. Unsere eigene Milchstraße ist eine Spiralgalaxie und enthält etwa 200 Milliarden Sterne. Spiralgalaxien wie die Milchstraße haben Spiralarme, die Sterne und interstellares Material enthalten, während elliptische Galaxien keine Spiralstruktur haben und oft das Ergebnis der Verschmelzung von zwei oder mehr Galaxien sind.

Die Entstehung von Galaxien ist ein weiteres wichtiges Gebiet der Physik von Sternen und Galaxien. Galaxien entstehen aus interstellarer Materie und dunkler Materie, die unter dem Einfluss der Gravitation zusammenwirken. Computersimulationen und Beobachtungen haben uns geholfen, besser zu verstehen, wie sich Galaxien im Laufe der Zeit gebildet haben und entwickelt haben.

Die Wechselwirkungen zwischen Sternen und Galaxien sind ebenfalls ein wichtiges Forschungsgebiet. Sterne können von Galaxien eingefangen oder durch gravitative Wechselwirkungen ausgestoßen werden. Kollisionen zwischen Galaxien können zur Bildung neuer Sterne und zur Zerstörung bestehender Sterne führen.

Elektromagnetische Strahlung

Elektromagnetische Strahlung ist eine der wichtigsten Methoden, um das Universum zu erforschen. Sie ermöglicht uns, astronomische Objekte zu beobachten, die zu weit entfernt, zu klein oder zu kalt sind, um auf andere Weise detektiert zu werden. Elektromagnetische Strahlung wird auch verwendet, um die physikalischen Eigenschaften von Objekten wie Temperatur, chemischer Zusammensetzung und Bewegung zu untersuchen.

Elektromagnetische Strahlung sind elektromagnetische Wellen, die sich durch den Raum ausbreiten. Sie werden von astronomischen Objekten erzeugt, die Energie in Form von Photonen, elementaren Teilchen, die die Energie der elektromagnetischen Wellen transportieren, abgeben.

Elektromagnetische Strahlung wird nach ihrer Wellenlänge klassifiziert, das heißt nach dem Abstand zwischen zwei aufeinanderfolgenden Wellenkämmen. Elektromagnetische Strahlung mit kürzerer Wellenlänge hat eine höhere Energie und dringt tiefer ein als solche mit längerer Wellenlänge. Elektromagnetische Strahlung wird in der Regel in sieben Hauptkategorien eingeteilt:

Radiostrahlung: Sie hat eine Wellenlänge von mehreren Kilometern bis Millimetern und wird zur Untersuchung der kältesten Objekte des Universums wie Gas- und Staubwolken verwendet.

Mikrowellen: Sie haben eine Wellenlänge von wenigen Millimetern bis Zentimetern und werden zur Untersuchung heißerer Objekte wie Galaxien, Galaxienhaufen und kosmische Hintergründe verwendet.

Infrarotstrahlung: Sie hat eine Wellenlänge von wenigen Mikrometern bis zu mehreren zig Mikrometern und wird zur Untersuchung heißerer Objekte als Mikrowellen wie Sterne, Planeten, Kometen und Nebel verwendet.

Sichtbares Licht: Es hat eine Wellenlänge von 400 bis 700 Nanometern und wird zur Untersuchung der uns am nächsten liegenden Objekte wie Sonne, Mond, Planeten, Sterne und Galaxien verwendet.

Ultraviolettstrahlung: Sie hat eine Wellenlänge von einigen zehn bis einigen hundert Nanometern und wird zur Untersuchung heißerer Objekte als sichtbares Licht wie heiße

Sterne, Quasare und gasemittierende Regionen verwendet.

Röntgenstrahlung: Sie hat eine Wellenlänge von einigen Nanometern bis einigen Pikometern und wird zur Untersuchung der heißesten und dichtesten Objekte des Universums wie Neutronensterne, Schwarze Löcher und aktive Galaxien verwendet.

Gammastrahlung: Sie hat eine Wellenlänge von einigen Pikometern bis einigen Femtometern und wird zur Untersuchung der energiereichsten Phänomene des Universums wie Supernovae, Sonneneruptionen und Gammastrahlenausbrüche verwendet.

Elektromagnetische Strahlung kann mit spezialisierten Beobachtungsinstrumenten wie Radio-, optischen, Infrarot-, Röntgen- und Gammastrahlungsteleskopen detektiert werden. Diese Teleskope sind mit Detektoren ausgestattet, die empfindlich auf die verschiedenen Arten elektromagnetischer Strahlung reagieren und es Astronomen ermöglichen, wertvolle Daten über beobachtete Objekte zu sammeln.

Elektromagnetische Strahlung wird auch verwendet, um die physikalischen Eigenschaften der beobachteten Objekte zu untersuchen. Zum Beispiel ermöglicht die Analyse des von einem Stern emittierten Lichts Astronomen, seine Temperatur, chemische Zusammensetzung und Rotationsgeschwindigkeit zu bestimmen. Ebenso erlaubt die Analyse von Röntgenstrahlung, die von einem Schwarzen Loch abgegeben wird, Astronomen, seine Masse und innere Struktur zu bestimmen.

Elektromagnetische Strahlung wird auch verwendet, um astronomische Objekte zu detektieren, die nicht direkt beobachtet werden können, wie Exoplaneten. Astronomen nutzen die Transitmethode, um Exoplaneten zu detektieren, indem sie die Abnahme der Helligkeit eines Sterns messen, wenn der Planet vor ihm vorüberzieht. Diese Helligkeitsabnahme wird durch die Blockade eines Teils des Sternenlichts durch den Planeten verursacht.

Schließlich wird elektromagnetische Strahlung verwendet, um die Ursprünge und die Entwicklung des Universums zu erforschen. Das von den am weitesten entfernten Objekten des Universums abgestrahlte Licht liefert uns wertvolle Informationen über die frühen Momente des Universums und die Bildung erster Strukturen wie Galaxien und Galaxienhaufen. Ebenso ermöglicht die Analyse von kosmischer Strahlung die Bestimmung der Zusammensetzung des Universums und die Messung seiner Expansion.

Gravitationswellen

Gravitationswellen sind Veränderungen im Raum-Zeit-Gefüge, die sich mit Lichtgeschwindigkeit ausbreiten und von massereichen Objekten in Bewegung erzeugt werden. Sie wurden 1916 von Albert Einsteins allgemeiner Relativitätstheorie vorhergesagt, aber es dauerte fast ein Jahrhundert bis zu ihrer ersten direkten Detektion im Jahr 2015 durch das LIGO-Observatorium.

Diese Wellen werden von gewaltigen astronomischen

Ereignissen erzeugt, wie der Kollision von Schwarzen Löchern, der Vereinigung von Neutronensternen oder von Supernovae, die das Raum-Zeit-Gefüge stören und Wellen erzeugen, die sich in alle Richtungen ausbreiten. Gravitationswellen können daher wertvolle Informationen über kosmische Phänomene liefern, die mit anderen Beobachtungsmethoden nicht zugänglich sind.

Gravitationswellen haben auch erheblich zum Verständnis von astrophysikalischen Objekten wie Schwarzen Löchern und Neutronensternen beigetragen. Diese Objekte sind derart massiv und ihre Gravitationsfelder sind derart intensiv, dass sie das Raum-Zeit-Gefüge um sie herum verzerren und nachweisbare Gravitationswellen erzeugen. Die Detektion dieser Wellen ermöglicht die Messung der Eigenschaften dieser Objekte wie ihre Masse, ihre Drehung, ihre Entfernung und ihre Ausrichtung.

Die Detektion von Gravitationswellen ermöglicht auch ein besseres Verständnis des Universums. Zum Beispiel hat die Entdeckung von Gravitationswellen, die von einer Kollision schwarzer Löcher erzeugt wurden, die Existenz dieser mysteriösen Objekte bestätigt, die nicht direkt beobachtet werden können. Gravitationswellen können auch Informationen über die Dichte und Verteilung von Materie im Universum sowie über kosmische Prozesse wie die Bildung und Entwicklung von Galaxien liefern.

Die Detektion von Gravitationswellen ist eine anspruchsvolle Aufgabe, da die Wellen äußerst schwach sind und im Hintergrundrauschen des Universums untergehen. Für ihre Detektion sind hochpräzise Instrumente erforderlich. Das

LIGO-Observatorium in den USA ist derzeit das empfindlichste Detektorsystem der Welt. Weitere Detektoren wie Virgo in Italien und KAGRA in Japan sind ebenfalls in Betrieb oder im Aufbau. Die Verwendung mehrerer Detektoren ermöglicht die Triangulation der Quellen von Gravitationswellen für eine genauere Positionierung und Charakterisierung.

Die Detektion von Gravitationswellen eröffnet auch neue Perspektiven für die Grundlagenphysik. So hat zum Beispiel die Entdeckung der Gravitationswelle GW170817 im Jahr 2017, die von der Verschmelzung zweier Neutronensterne erzeugt wurde, bestätigt, dass Gravitationswellen und Licht mit derselben Geschwindigkeit reisen, und Hinweise auf die innere Struktur von Neutronensternen geliefert.

Die Entstehung und Entwicklung des Universums

Der Urknall und die ersten Augenblicke

Der Urknall ist das dominierende kosmologische Modell, das die Entstehung und Entwicklung des Universums erklärt, wie wir es heute kennen. Nach dieser Theorie begann das Universum vor etwa 13,8 Milliarden Jahren in einem extrem dichten und heißen Zustand.

Während der ersten Augenblicke des Urknalls war das Universum mit einem Plasma aus subatomaren Partikeln gefüllt, die sich schnell bewegten und ständig kollidierten. In dieser Zeit war das Universum extrem heiß und dicht, und die elektromagnetischen und nuklearen Kräfte waren grundlegend vereint.

Nach einigen Sekundenbruchteilen kühlte sich das Universum ab und dehnte sich schnell aus, wurde immer größer und weniger dicht. Die subatomaren Partikel begannen sich zu kombinieren und bildeten Protonen und Neutronen, die wiederum zu atomaren Kernen fusionierten. Dieser Prozess führte zur Bildung von Helium und Lithium sowie anderen schwereren Elementen.

Nach etwa 380.000 Jahren hatte sich das Universum ausreichend abgekühlt, so dass Elektronen und Kerne sich zu neutralen Atomen verbinden konnten. Dies führte zur Freisetzung von kosmischer Strahlung, die heute noch als kosmische Hintergrundstrahlung nachweisbar ist.

Im Laufe der Zeit sammelte sich Materie zu größeren Strukturen wie Galaxien, Galaxienhaufen und Superhaufen an. Die Expansion des Universums dauert immer noch an, obwohl sie aufgrund der gegenseitigen gravitativen Anziehung der Galaxien verlangsamt ist.

Obwohl der Urknall ein hochbestätigtes kosmologisches Modell ist, gibt es immer noch viele unbeantwortete Fragen. Zum Beispiel wissen wir noch nicht, was den Urknall ausgelöst hat oder was den ersten Augenblicken des Universums vorausging.

Letztendlich ist die Erforschung der Entstehung und Entwicklung des Universums eine komplexe und faszinierende Aufgabe, die komplexe Theorien, astrophysikalische Beobachtungen und Computersimulationen umfasst. Durch das Verständnis der ersten Augenblicke des Urknalls können wir besser verstehen, wie unser Universum zu dem geworden ist, was es heute ist.

Die Bildung der ersten Strukturen

Die Bildung der ersten Strukturen des Universums ist ein entscheidender Schritt in der Geschichte der Astronomie und Kosmologie. Sie markiert den Beginn der Entstehung von Galaxien, Galaxienhaufen und Superhaufen, die unser beobachtbares Universum bevölkern.

Das Universum begann seine Existenz in einem extrem

dichten und heißen Zustand, der als Urknall bezeichnet wird. Während sich das Universum ausdehnte und abkühlte, nahm die Dichte und Temperatur ab, was es der Materie ermöglichte, sich zu größeren Strukturen zu verdichten. Die ersten Strukturen, die entstanden, waren Gasansammlungen, die aufgrund der Schwerkraft zu kontrahieren begannen.

Während sich die Gasansammlungen zusammenzogen, stiegen ihre Temperatur und Dichte an, wodurch nukleare Fusion stattfand und Licht und Wärme erzeugt wurden. Diese Objekte waren die ersten, die im Universum leuchteten und Strahlung emittierten, die als sichtbares Licht, Radiowellen und andere Energieformen nachgewiesen wurde.

Die Gasansammlungen wuchsen weiter an Größe und Masse, bis ihre Schwerkraft stark genug war, um Sterne aus dem Gas zu bilden. Diese Sterne erzeugten noch mehr Licht und Wärme, wodurch die Gasansammlungen weiter wuchsen und sich zu immer größeren Strukturen verdichteten.

Im Laufe der Zeit gruppierten sich diese Strukturen zu Galaxien zusammen. Galaxien sind Ansammlungen von Sternen, Gas und Staub, die durch die Schwerkraft zusammengehalten werden. Sie können verschiedene Formen wie Spiralgalaxien, elliptische Galaxien und irreguläre Galaxien haben und enthalten oft supermassive Schwarze Löcher in ihrem Zentrum.

Galaxien gruppieren sich auch zu Galaxienhaufen, den größten beobachtbaren Strukturen des Universums. Galaxienhaufen können Hunderte oder Tausende von Galaxien enthalten und werden durch die Schwerkraft zusammengehalten.

Die Bildung der ersten Strukturen des Universums war also
ein komplexer Prozess, der Schwerkraft, nukleare Fusion
und die Produktion von Licht und Wärme beinhaltete. Sie
führte zur Entstehung des Universums, das wir heute kennen,
mit seinen Galaxien, Galaxienhaufen und Superhaufen von
Galaxien. Diese faszinierende Geschichte des Universums
hilft uns dabei, unseren Platz im Kosmos zu verstehen und
lädt uns ein, den Raum um uns herum weiter zu erforschen
und zu studieren.

Die Ausdehnung des Universums und die Hubble-Konstante

Die Ausdehnung des Universums ist eines der
bemerkenswertesten Ergebnisse der modernen Astronomie.
Sie basiert auf der Beobachtung ferner Galaxien, die sich mit
zunehmender Geschwindigkeit von uns entfernen. Dies führte
zur Formulierung des Hubble-Gesetzes, das die Ausdehnung
des Universums beschreibt.

Das Hubble-Gesetz besagt, dass die
Rezessionsgeschwindigkeit einer Galaxie proportional zu
ihrer Entfernung ist. Dies bedeutet, dass sich eine entfernte
Galaxie schneller von uns entfernt als eine nahe gelegene
Galaxie. Diese Beobachtung stimmt mit der Annahme
überein, dass das Universum seit dem Urknall eine konstante
Expansion erlebt. Die ersten Beobachtungen des Hubble-
Gesetzes wurden 1929 von Edwin Hubble durchgeführt.

Die Hubble-Konstante ist ein Maß für die Expansionsgeschwindigkeit des Universums. Sie wird in Kilometern pro Sekunde pro Megaparsec angegeben. Der Wert dieser Konstante wurde wiederholt mit verschiedenen Methoden gemessen und wird derzeit auf etwa 70 km/s/Mpc geschätzt. Dies bedeutet, dass sich die Expansionsgeschwindigkeit für jeden zusätzlichen Megaparsec (3,26 Millionen Lichtjahre) an Entfernung zwischen zwei Punkten im Universum um 70 km/s erhöht.

Die Hubble-Konstante hat tiefgreifende Auswirkungen auf unser Verständnis des Universums insgesamt. Sie deutet darauf hin, dass das Universum einen Anfang hatte - den Urknall - und seitdem ständig in Bewegung ist. Sie legt auch nahe, dass das Universum endlich, aber unendlich ist, d.h. dass es keine physische Grenze für seine Ausdehnung gibt, aber seine Größe unendlich sein kann.

Allerdings ist die Hubble-Konstante nicht wirklich konstant, sondern variiert je nach dem Zeitpunkt des Universums, in dem wir es beobachten. Zum Beispiel war die Ausdehnung des Universums in der Vergangenheit schneller als heute. Die Messungen der Hubble-Konstante wurden im Laufe der Jahre verfeinert und sind immer noch Gegenstand von Debatten und Überprüfungen.

Die Ausdehnung des Universums hat auch Auswirkungen auf den Ursprung und die Entwicklung von Galaxien. Durch die Expansion des Universums entfernen sich die Galaxien voneinander, was zu einer Verringerung der Dichte im Universum führt. Diese Verringerung der Dichte kann im Laufe der Zeit die Bildung und Entwicklung von Galaxien beeinflussen.

Die Hubble-Konstante ist wichtig, um das Alter des Universums zu bestimmen, das auf etwa 13,8 Milliarden Jahre geschätzt wird. Sie wird auch verwendet, um die Entfernungen zu weit entfernten astronomischen Objekten abzuschätzen und die Entwicklung des Universums insgesamt zu untersuchen.

Es ist wichtig zu beachten, dass die Hubble-Konstante nicht wirklich konstant ist, sondern je nach dem Zeitpunkt des Universums, in dem wir es beobachten, variiert. Zum Beispiel war die Ausdehnung des Universums in der Vergangenheit schneller als heute. Dies bedeutet, dass die Hubble-Konstante in der Vergangenheit höher war.

Die Entfernungs- und Zeitmaßstäbe

Astronomie ist eine Disziplin, die Phänomene im Himmel erforscht, die sich auf unglaublich große Entfernungen und Zeitskalen ereignen. Um diese Phänomene zu verstehen und zu quantifizieren, haben Astronomen Entfernungs- und Zeitskalen entwickelt, mit denen sie sie messen und miteinander vergleichen können.

In der Astronomie wird Entfernung oft in Lichtjahren gemessen, was der Strecke entspricht, die das Licht in einem Jahr zurücklegt. Diese Maßeinheit wird verwendet, um die Größe von astronomischen Objekten wie Sternen und Galaxien zu beschreiben, die sich in beträchtlicher Entfernung von der Erde befinden. Die Entfernungen zwischen

Himmelskörpern werden auch in astronomischen Einheiten (AU) gemessen, die der durchschnittlichen Entfernung zwischen Erde und Sonne entsprechen.

Astronomen verwenden auch Zeiteinheiten, um astronomische Phänomene zu beschreiben. Zum Beispiel ist ein siderisches Jahr die Zeit, die die Erde benötigt, um eine vollständige Umlaufbahn um die Sonne relativ zu den fixen Sternen zu machen. Diese Zeiteinheit wird verwendet, um die Umlaufzeiten von Planeten und Satelliten zu messen.

Eine andere wichtige Zeiteinheit in der Astronomie ist die Sekunde, die zur Messung sehr kurzer Zeitspannen wie der Pulsationsdauer von Sternen und der Reaktionszeit von Beobachtungsinstrumenten verwendet wird. Astronomen verwenden auch längere Zeiteinheiten wie Milliarden von Jahren, um kosmische Ereignisse auf großer Skala wie die Bildung von Galaxien und die Entwicklung des Universums zu beschreiben.

In der Astronomie stehen Entfernungs- und Zeitskalen in engem Zusammenhang, da die Lichtgeschwindigkeit, die die schnellste Geschwindigkeit im Universum ist, Astronomen ermöglicht, die Entfernung zwischen Himmelskörpern zu messen, indem sie die Zeit verwenden, die das Licht benötigt, um von einem zum anderen zu gelangen. Daher dauert es umso länger, je weiter ein Objekt ist.

Es ist auch wichtig zu beachten, dass die Entfernungs- und Zeitskalen in der Astronomie oft sehr unterschiedlich sind als die, mit denen wir in unserem täglichen Leben vertraut sind. Zum Beispiel beträgt die Entfernung zwischen Erde und Sonne etwa 150 Millionen Kilometer, was für uns enorm erscheint, aber in astronomischen Begriffen als relativ klein angesehen wird. Ebenso können die Dauer von astronomischen Ereignissen extrem lang sein, von Milliarden von Jahren für die Bildung von Galaxien bis zu einigen Millisekunden für die Pulsationen von Neutronensternen.

Das Schicksal des Universums

Das Schicksal des Universums ist eines der faszinierendsten Themen der Astronomie. Seit dem Urknall vor etwa 13,8 Milliarden Jahren hat sich das Universum ständig ausgedehnt, abgekühlt und verdunkelt. Aber was wird seine ultimative Bestimmung sein? Um diese Frage zu beantworten, müssen Astrophysiker die im Universum wirkenden Kräfte und die Eigenschaften seiner Bestandteile berücksichtigen.

Erstens ist anzumerken, dass sich die Ausdehnung des Universums unbegrenzt fortsetzen wird, es sei denn, eine unbekannte Kraft wirkt dieser Expansion entgegen. In den aktuellen kosmologischen Modellen wird diese Kraft als Dunkle Energie bezeichnet. Die genaue Natur der Dunklen Energie bleibt jedoch unbekannt und ist eines der größten Rätsel der modernen Astronomie.

Darüber hinaus spielt die Gravitation eine entscheidende Rolle für das Schicksal des Universums. Galaxien sind konstant in Bewegung, werden aber auch durch die Schwerkraft zusammengehalten. Wenn sich das Universum weiter ausdehnt, werden die Galaxien weiter voneinander entfernt sein und die Gravitation wird schließlich nicht mehr ausreichen, um sie zusammenzuhalten. Zu diesem Zeitpunkt werden die Sterne jeder Galaxie im Raum verteilt sein und die Galaxien selbst werden im Nichts aufgelöst sein.

Es ist auch möglich, dass das Universum durch einen «Big Freeze» endet, auch bekannt als der thermische Tod. In diesem Szenario wird das Universum weiter expandieren, aber es wird sich so weit ausdehnen, dass sich die gesamte Materie auflöst. Die Sterne werden erlöschen und nur weiße Zwerge, Neutronensterne und schwarze Löcher zurücklassen. Schließlich wird die Temperatur des Universums nahezu Null fallen, was das Ende jeglicher Form von Leben bedeutet.

Eine weitere Möglichkeit ist ein «Big Crunch». Wenn die Menge an Materie im Universum ausreicht, könnte die Gravitation die Expansion überwinden und dies zu einer Verringerung von Raum und Materie führen. Galaxien würden sich gegenseitig annähern und sich schließlich zu einer riesigen Masse vereinen. Am Ende würde sich das Universum zu einem heißen und dichten Punkt zusammenziehen, der möglicherweise als Ausgangspunkt für einen neuen Urknall dienen könnte, und das Universum würde den Zyklus von Expansion und Kontraktion erneut durchlaufen.

Letztendlich hängt das Schicksal des Universums von vielen Faktoren ab, wie der Menge an Materie, Dunkler Energie und Gravitation. Aber egal, wie das Universum enden wird, können wir sicher sein, dass seine faszinierende Geschichte uns weiterhin faszinieren und inspirieren wird in den kommenden Jahrhunderten.

Die extrasolare Astronomie und die Suche nach außerirdischem Leben

Biomarker und die Erkennung von Leben

Biomarker sind Indikatoren für das Vorhandensein von Leben, die aus der Ferne erkannt werden können. Sie gelten als indirekte Nachweise für Leben, da sie darauf hinweisen, dass bestimmte physikalische und chemische Eigenschaften des Lebens, wie wir es kennen, auf anderen Planeten beobachtet werden können.

Wissenschaftler suchen nach zuverlässigen Biomarkern, um das Vorhandensein außerirdischen Lebens zu erkennen, aber die Erkennung von Biomarkern ist eine komplexe technologische Herausforderung. Die am häufigsten gesuchten Biomarker sind Gase wie Sauerstoff, Methan und Ammoniak. Sauerstoff wird durch die Photosynthese von Pflanzen produziert, während Methan durch den Abbau von organischen Stoffen entsteht und auch von methanogenen Mikroorganismen abgegeben werden kann. Ammoniak entsteht durch den Abbau von Proteinen und kann von einigen Mikroorganismen als Energiequelle genutzt werden.

Allerdings kann das Vorhandensein dieser Gase nicht als absoluter Beweis für Leben betrachtet werden, da sie auch durch nicht-biologische Prozesse erzeugt werden können. Daher suchen Wissenschaftler nach zuverlässigeren Biomarkern wie komplexen organischen Molekülen, die spezifisch für das Leben sind.

Ein solches Molekül ist eine Aminosäure, die die Grundlage von Proteinen bildet. Proteine sind lebensnotwendig und werden ausschließlich von lebenden Organismen produziert. Die Wissenschaftler suchen auch nach Nukleinsäuren wie DNA und RNA, die die Grundlage für Reproduktion und biologische Evolution sind. Das Vorhandensein dieser komplexen organischen Moleküle kann als stärkerer Beweis für Leben angesehen werden.

Die Erkennung von Biomarkern ist jedoch eine bedeutende technologische Herausforderung, da sie aus der Ferne, in extremen Umgebungen und in sehr geringen Mengen erkannt werden müssen. Wissenschaftler entwickeln derzeit neue Techniken zur Erkennung dieser Biomarker, wie Spektroskopie und Chromatographie, die spezifische Moleküle in Proben erkennen können.

Es ist wichtig anzumerken, dass das Leben sehr unterschiedliche Formen annehmen kann als das, was wir kennen, und dass die Biomarker, nach denen wir suchen, für andere Lebensformen möglicherweise nicht relevant sind. Daher muss die Suche nach außerirdischem Leben mit großer Vorsicht und Offenheit betrieben werden. Die Wissenschaftler müssen bereit sein, unerwartete Lebensformen zu akzeptieren und neue Erkennungsmethoden zu entwickeln, um sie zu erkennen.

Die SETI-Forschungsprojekte und außerirdische Signale

Die SETI (Search for Extra-Terrestrial Intelligence)- Forschungsprojekte haben zum Ziel, Signale von außerirdischen Zivilisationen im Weltraum zu erkennen. Diese Forschungen basieren auf der Annahme, dass wenn auf anderen Planeten Leben existiert, einige dieser Zivilisationen auch Kommunikationstechnologien entwickelt haben könnten.

Die SETI-Forschung wird seit mehreren Jahrzehnten betrieben, aber bisher wurde kein klarer Signalnachweis gefunden. Das bedeutet nicht, dass wir allein im Universum sind, sondern nur, dass die Suche komplex ist und erhebliche Ressourcen erfordert. Wissenschaftler verwenden verschiedene Methoden, um nach Signalen zu suchen, wie zum Beispiel das Beobachten von Radiowellen und optische Recherchen.

Eines der bekanntesten SETI-Forschungsprojekte ist SETI@ home. Es handelt sich um ein verteiltes Berechnungsprojekt, bei dem Freiwillige aus der ganzen Welt eine Software auf ihren Computern installieren können, die die ungenutzte Rechenleistung zur Analyse von Radioastronomiedaten auf außerirdische Signale verwendet. Dieses Projekt hat eine unglaubliche Menge an Daten verarbeitet, konnte aber bisher kein klares Signal entdecken.

Weitere SETI-Forschungsprojekte umfassen das Breakthrough Listen-Programm, das Teleskope verwendet, um nach Signalen in verschiedenen Radiobereichen zu suchen, sowie das Laser SETI-Projekt, das optische Signale anstelle von Radiosignalen sucht. Neuere Projekte wie das Galileo-Projekt, das 2021 sein erstes Teleskop gestartet hat, konzentrieren sich auf den Einsatz künstlicher Intelligenz zur Analyse von Massendaten in der Hoffnung, außerirdische Signale zu erkennen.

Die SETI-Forschung ist jedoch komplex und birgt große Herausforderungen. Zunächst könnten die von uns gesuchten Signale sehr schwach und schwer zu erkennen sein. Darüber hinaus wissen wir nicht, wie ein außerirdisches Signal aussehen könnte, daher ist es schwer zu bestimmen, wonach wir genau suchen sollen. Schließlich bedeutet das Auffinden eines Signals nicht zwangsläufig, dass es von einer außerirdischen Zivilisation stammt. Es kann natürliche oder irdische Erklärungen für ein solches Signal geben.

Trotz dieser Herausforderungen bleibt die SETI-Forschung ein faszinierendes Unterfangen für Wissenschaftler und Astronomie-Enthusiasten. Die Möglichkeit, eine außerirdische Zivilisation zu entdecken, fasziniert die Menschheit seit Jahrhunderten, und die SETI-Forschung bringt uns vielleicht ein Stück näher zu dieser Entdeckung. Letztendlich hilft uns die SETI-Forschung, unsere Position im Universum besser zu verstehen und die Schönheit und Komplexität des uns umgebenden Raums zu schätzen.

Raumfahrtmissionen und die Suche nach Leben im Sonnensystem

Die Suche nach Leben im Sonnensystem ist eines der Hauptziele von Raumfahrtmissionen. Wissenschaftler suchen nach Hinweisen auf vergangenes oder gegenwärtiges Leben auf Himmelskörpern wie Mars, Europa, Enceladus und Titan. Diese Forschung wird von der Vorstellung motiviert, dass Leben anderswo im Universum entstanden sein könnte und die Entdeckung außerirdischen Lebens bedeutende Auswirkungen auf unser Verständnis von Leben und Universum hätte.

Raumfahrtmissionen haben viele Hinweise darauf erbracht, dass auf dem Mars in der Vergangenheit möglicherweise Leben existiert hat. Marsgesteine enthalten Mineralien, die sich nur in Anwesenheit von flüssigem Wasser bilden können, was darauf hindeutet, dass der Rote Planet in der Vergangenheit Ozeane und Flüsse hatte. Darüber hinaus haben Missionen Methanspuren in der Marsatmosphäre entdeckt, die von mikrobiellem Leben stammen könnten.

Die eisigen Monde von Jupiter und Saturn wie Europa, Enceladus und Titan sind ebenfalls potenzielle Ziele für die Suche nach Leben. Beobachtungen haben gezeigt, dass diese Monde unterirdische Ozeane aus flüssigem Wasser haben, die bewohnbar sein könnten. Vorgeschlagene Missionen, um diese Monde zu erkunden, könnten nach Lebensspuren suchen, indem sie Wasserproben analysieren oder nach organischen Molekülen suchen, die mit Lebensformen in Verbindung gebracht werden könnten.

Neben planetarischen Erkundungsmissionen wird die Suche nach außerirdischem Leben auch durch Weltraumteleskope und Beobachtungen von der Erde aus betrieben. Teleskope wie das Hubble-Weltraumteleskop und das James-Webb-Weltraumteleskop wurden entwickelt, um die Atmosphären von Exoplaneten zu untersuchen und nach Lebensspuren wie Sauerstoff zu suchen.

Die Suche nach Leben im Sonnensystem und darüber hinaus ist ein aufregendes und sich ständig weiterentwickelndes Gebiet der Astronomie. Zukünftige Raumfahrtmissionen wie die Mars Sample Return-Mission und die Europa Clipper-Mission sollen neue Erkenntnisse über die Möglichkeit von Lebensformen auf anderen Himmelskörpern liefern. Auch wenn kein Leben gefunden wird, werden diese Missionen dazu beitragen, unser Verständnis von der Geschichte und Vielfalt unseres Sonnensystems und des Universums zu vertiefen.

Die Erforschung des Weltraums

Die Geschichte der bemannten Raumfahrt

Die Geschichte der bemannten Raumfahrt gehört zu den faszinierendsten Kapiteln der Menschheit. Seit den ersten Schritten des Menschen auf dem Mond im Jahr 1969 haben wir kontinuierlich unser Sonnensystem und darüber hinaus erforscht. Dieser Abschnitt behandelt die bedeutendsten Ereignisse der bemannten Raumfahrt und die Herausforderungen, denen wir uns stellen mussten, um sie zu bewältigen.

Am 12. April 1961 wurde der sowjetische Kosmonaut Juri Gagarin der erste Mensch im Weltraum, als er an Bord der Wostok 1 eine Erdumkreisung durchführte. Weniger als einen Monat später, am 5. Mai 1961, verkündete der amerikanische Präsident John F. Kennedy, dass die Vereinigten Staaten noch vor Ende des Jahrzehnts einen Menschen auf den Mond schicken würden.

Die ersten Schritte in Richtung dieses Ziels wurden durch das Gemini-Programm unternommen, das die Entwicklung von Techniken für bemannte Raumfahrt im erdnahen Orbit ermöglichte. Der Höhepunkt des Gemini-Programms war der historische Flug der Gemini-8-Mission im Jahr 1966, während der erstmals zwei Raumfahrzeuge im Orbit miteinander verbunden wurden.

Im Jahr 1967 wurde das Apollo-Programm gestartet, das darauf abzielte, Astronauten zum Mond zu bringen. Der erste bemannte Flug im Rahmen des Apollo-Programms, Apollo 7, fand im Oktober 1968 statt und diente dem Test von Flugtechniken im niedrigen Erdorbit. Der erste bemannte Flug der Apollo-Mondmission, Apollo 8, startete im Dezember 1968 und ermöglichte eine Mondumrundung.

Der historische Flug von Apollo 11 im Juli 1969 ermöglichte es Neil Armstrong und Buzz Aldrin, die ersten Menschen auf dem Mond zu sein. Dieses Ereignis markierte den Höhepunkt des Apollo-Programms und wurde als einer der bedeutendsten Momente in der Geschichte der Menschheit betrachtet.

Nach dem Ende des Apollo-Programms wandte sich die NASA dem Space Shuttle zu, das darauf abzielte, kostengünstigen Zugang zum Weltraum zu bieten. Die erste Space-Shuttle-Mission, STS-1, wurde im April 1981 gestartet und diente dem Test von Shuttletechniken.

In den folgenden Jahren wurde das Space Shuttle zum Transport von Satelliten in den Orbit, zur Durchführung von wissenschaftlichen Forschungsmissionen und zum Aufbau der Internationalen Raumstation (ISS) genutzt. Der Bau der ISS begann im Jahr 1998 und wurde im Jahr 2011 abgeschlossen.

Parallel dazu führten die Sowjets ihr eigenes bemanntes Raumfahrtprogramm mit Missionen wie der Raumstation Mir, die von 1986 bis 2001 im Einsatz war, fort. Im Jahr 2000 schloss sich Russland den USA, Europa, Kanada und Japan beim Bau der ISS an.

Seit dem Ende des Space-Shuttle-Programms im Jahr 2011 konzentrieren sich die USA auf die Entwicklung neuer Raumfahrzeuge, um Astronauten zur ISS und darüber hinaus zu transportieren. Privatunternehmen wie SpaceX entwickeln neue Raumschiffe wie das Crew Dragon, das im Mai 2020 seine erste bemannte Mission durchgeführt hat. Auch andere Unternehmen wie Boeing entwickeln neue Raumfahrzeuge für den Astronautentransport.

Neben Flügen in den erdnahen Orbit waren auch interplanetare Reisen ein zentrales Ziel der bemannten Raumfahrt. Im Jahr 1971 war die sowjetische Mission Mars 3 die erste, die auf dem Mars landete, obwohl sie keine Langzeitdaten übermitteln konnte. Seitdem hat die NASA mehrere Missionen zum Mars geschickt, darunter den Rover Perseverance, der im Februar 2021 auf dem roten Planeten gelandet ist.

Darüber hinaus haben Menschen auch Sonden zu Zielen wie äußeren Planeten, Kometen und Asteroiden geschickt. Die Sonde Voyager 1, die 1977 gestartet wurde, hat das Sonnensystem im Jahr 2012 verlassen und sendet weiterhin Daten über den interstellaren Raum.

Die bemannte Raumfahrt hat viele wichtige Entdeckungen über den Weltraum und unsere Position im Universum ermöglicht. Sie hat auch die Entwicklung fortschrittlicher Technologien in vielen Bereichen wie Medizin, Informatik und Ingenieurwesen vorangetrieben.

Die bemannte Raumfahrt bringt jedoch auch viele Herausforderungen mit sich, darunter die Sicherheit der

Astronauten, die Bewältigung von Weltraumschrott und die Notwendigkeit, ein Gleichgewicht zwischen der Erforschung des Weltraums und dem Schutz der terrestrischen Umwelt zu finden.

Trotz dieser Herausforderungen wird die bemannte Raumfahrt weiterhin ein wichtiges Ziel für die Menschheit bleiben, da sie uns dabei hilft, das Weltall und unsere Position im Universum besser zu verstehen. Sie kann auch dazu beitragen, grundlegende Fragen über das Leben, den Ursprung des Universums und unsere Zukunft als Spezies zu beantworten.

Perspektiven für die bemannte Raumfahrt

Die bemannte Raumfahrt ist eines der faszinierendsten Gebiete in der Astronomie. Seit den ersten Schritten des Menschen auf dem Mond im Jahr 1969 träumt die Menschheit davon, noch weiter in die Erforschung des Weltraums vorzudringen. Die Perspektiven für die bemannte Raumfahrt sind sowohl ehrgeizig als auch vielversprechend, aber auch komplex und kostspielig.

Bemannte Raumfahrtmissionen ermöglichen es Astronauten, weiter ins All vorzudringen, als es Sonden und Teleskope können. Sie bieten die Möglichkeit, Lebensbedingungen außerhalb der Erde zu untersuchen, neue Technologien zu testen und zukünftige Explorationsmissionen vorzubereiten. Die Perspektiven für die bemannte Raumfahrt sind daher äußerst vielversprechend.

Die nächsten bemannten Raumfahrtmissionen umfassen die Rückkehr zum Mond und die bemannte Mission zum Mars. Diese Missionen werden sehr kostspielig sein, könnten aber bedeutende Fortschritte bei der Erforschung des Weltraums und der technologischen Entwicklung bringen. Raumfahrtagenturen wie die NASA, die ESA und Roskosmos arbeiten derzeit an ehrgeizigen Programmen, um diese Missionen zu realisieren.

Die Rückkehr zum Mond ist für die kommenden Jahre geplant, mit der Artemis-Mission der NASA, die darauf abzielt, bis 2024 die erste Frau auf den Mond zu schicken. Diese Mission wird dazu dienen, neue Technologien zu testen und zukünftige Missionen zum Mars vorzubereiten. Der Mond ist tatsächlich ein idealer Ausgangspunkt für Missionen zum Mars, da er Tests unter ähnlichen Bedingungen wie dem roten Planeten ermöglicht.

Die bemannte Mission zum Mars ist eines der ehrgeizigsten Projekte in der Geschichte der Raumfahrt. Diese Mission erfordert hochentwickelte Technologien und enorme Kosten. Raumfahrtagenturen arbeiten derzeit an der Entwicklung von Technologien, um menschliches Leben auf dem Mars zu unterstützen, wie zum Beispiel Systeme zur Regeneration von Luft und Wasser, Strahlenschutzsysteme und lokale Energieerzeugungsmöglichkeiten.

Diese Missionen sind unglaubliche Herausforderungen, aber sie könnten entscheidendes Wissen für die Zukunft der Menschheit bringen. Die bemannte Raumfahrt ist ein riskantes, aber auch faszinierendes Unterfangen. Sie inspiriert ganze Generationen, das Universum zu entdecken und zu erkunden. Die Perspektiven für die bemannte Raumfahrt sind daher nicht nur für die Wissenschaft, sondern auch für Kultur und Gesellschaft von großer Bedeutung.

Robotische Missionen

Robotische Missionen sind einer der wichtigsten und effektivsten Wege, um das Weltall zu erforschen und zu studieren. Roboter wurden eingesetzt, um Himmelskörper wie den Mond, den Mars, Asteroiden und Kometen zu erkunden, sowie um die Weltraumumgebung zu untersuchen und astronomische Beobachtungen durchzuführen.

Robotische Missionen haben mehrere Vorteile gegenüber bemannten Missionen. Sie sind kostengünstiger, sicherer und flexibler in Bezug auf Zeit und Reichweite. Darüber hinaus können Roboter Aufgaben erledigen, die für Menschen gefährlich oder unmöglich wären, wie den Kontakt mit feindlichen Himmelskörpern.

Weltraumroboter sind mit einer Vielzahl wissenschaftlicher Instrumente ausgestattet, wie Kameras, Spektrometer, Partikelanalysegeräte, Bohrer, Roboterarme und Messinstrumente. Diese Instrumente ermöglichen es den Robotern, Daten über die Weltraumumgebung, Geologie, Chemie und Meteorologie der besuchten Himmelskörper zu sammeln.

Robotische Missionen haben viele wichtige Entdeckungen in der Astronomie und Planetenwissenschaft ermöglicht.

Zum Beispiel hat die Mars-Rover-Mission Hinweise auf früheres Wasser auf dem Mars gefunden und Mineralien und Gesteine entdeckt, die darauf hindeuten, dass der Rote Planet in der Vergangenheit eine dichtere Atmosphäre hatte. Die Missionen zu Asteroiden haben Informationen über deren Zusammensetzung und Struktur geliefert, während die Kometenmissionen Einblicke in die Entstehung des Sonnensystems gegeben haben.

Robotische Missionen wurden auch für die Erforschung der Weltraumumgebung eingesetzt. Erd- und Sonnensatelliten haben die Wetterbedingungen, Luftqualität, Umweltverschmutzung und Sonnenstrahlung untersucht. Weltraumteleskope wie das Hubble-Weltraumteleskop haben eine beispiellose Sicht auf Himmelsobjekte in für das menschliche Auge unsichtbaren Wellenlängen ermöglicht und Informationen über Zusammensetzung, Struktur und Entwicklung des Universums geliefert.

Zukünftige robotische Missionen umfassen Missionen zum Mond, zum Mars und zu anderen Himmelskörpern sowie fortschrittlichere Weltraumteleskope und Suchmissionen nach außerirdischem Leben. Technologische Fortschritte wie künstliche Intelligenz, autonome Robotik und schnellere Kommunikation ermöglichen es Robotern, noch komplexere Aufgaben zu erledigen und noch präzisere Daten zu sammeln.

Interplanetare Sonden

Interplanetare Sonden sind Raumsonden, die entwickelt wurden, um unser Sonnensystem zu erkunden, indem sie detaillierte Informationen und Bilder von Planeten, Monden, Asteroiden und Kometen senden. Diese Sonden wurden für extreme Weltraumbedingungen konzipiert und arbeiten autonom über Jahre hinweg.

Der erste große Erfolg in der interplanetaren Erforschung war die Voyager-Mission, die 1977 gestartet wurde. Die Voyager-Sonden besuchten die Planeten Jupiter, Saturn, Uranus und Neptun und lieferten bisher unerreichte Informationen über diese entfernten Welten und ihre Monde. Seitdem wurden zahlreiche weitere interplanetare Sonden gestartet, um den Mars, die Venus, Merkur und andere Himmelskörper zu erkunden.

Interplanetare Sonden sind mit einer Vielzahl wissenschaftlicher Instrumente ausgestattet, wie Kameras, Spektrometern und Magnetometern, die die physikalischen und chemischen Eigenschaften der besuchten Himmelskörper messen können. Diese Instrumente liefern hochauflösende Bilder, Lichtspektren und Magnetfelder, um nur einige Daten zu nennen.

Interplanetare Sonden haben viele wichtige Entdeckungen ermöglicht. So haben die Viking-Sonden Hinweise auf mikrobiologisches Leben auf dem Mars gefunden, während die Cassini-Mission Informationen über die Struktur der Saturnringe und die Zusammensetzung seiner Atmosphäre geliefert hat.

Darüber hinaus haben interplanetare Sonden dazu beigetragen, die Geschichte unseres Sonnensystems besser zu verstehen. Sie haben Krater auf Planeten und Monden analysiert und Beweise für Vulkane, Gletscher und Flüsse auf einst als inaktiv betrachteten Himmelskörpern entdeckt.

Schließlich spielen interplanetare Sonden eine entscheidende Rolle bei der Suche nach außerirdischem Leben. Sie haben das Vorhandensein von Wasser auf dem Mars und von Ozeanen unter den eisigen Oberflächen von Jupiters und Saturns Monden nachgewiesen. Diese Entdeckungen legen nahe, dass Leben auch anderswo in unserem Sonnensystem existieren könnte und motivieren uns, diese Welten weiter zu erkunden.

Weltraumteleskope

Weltraumteleskope sind Beobachtungsinstrumente, die speziell für den Einsatz im Weltraum entwickelt wurden und einen atemberaubenden Blick auf das Universum bieten. Im Gegensatz zu Teleskopen auf der Erdoberfläche werden Weltraumteleskope nicht durch atmosphärische Störungen beeinträchtigt, wodurch viel schärfere und präzisere Bilder möglich sind. Sie ermöglichen auch die Beobachtung von Wellenlängen, die von der Erde aus nicht beobachtet werden können, wie Röntgenstrahlen, Gammastrahlen und Infrarotstrahlen.

Das bekannteste Weltraumteleskop ist das Hubble-Weltraumteleskop, das 1990 gestartet wurde und bis heute in Betrieb ist. Es hat zahlreiche revolutionäre Entdeckungen in der Astronomie ermöglicht, darunter die Bereitstellung von unglaublich detaillierten Bildern ferner Galaxien, die Messung der Expansion des Universums und die Entdeckung neuer

Planeten außerhalb unseres Sonnensystems.

Es gibt jedoch auch andere Weltraumteleskope, die jeweils auf einen spezifischen Bereich der Astronomie spezialisiert sind. Das Spitzer-Weltraumteleskop, das 2003 gestartet wurde, ist auf die Beobachtung des Universums im Infrarotbereich spezialisiert und hat neue Erkenntnisse über den Sternen- und Galaxienbildungsprozess geliefert. Das Chandra-Weltraumteleskop, das 1999 gestartet wurde, ist auf die Beobachtung von Röntgenstrahlen spezialisiert und hat Objekte wie supermassive Schwarze Löcher und Neutronensterne entdeckt.

Ein weiteres wichtiges Weltraumteleskop ist das James Webb-Weltraumteleskop, das voraussichtlich 2021 gestartet wird. Es wird das leistungsstärkste jemals gebaute Teleskop sein und zur Erforschung der Geschichte des Universums von seinen Anfängen bis heute eingesetzt werden. Es wird auch zur Untersuchung von Atmosphären von Exoplaneten außerhalb unseres Sonnensystems genutzt werden, in der Hoffnung, Hinweise auf außerirdisches Leben zu entdecken.

Weltraumteleskope sind extrem teuer in Bau und Start, aber die Informationen und Bilder, die sie liefern, sind unbezahlbar für unser Verständnis des Universums. Sie sind unverzichtbare Werkzeuge für professionelle Astronomen, haben aber auch Amateuren atemberaubende Bilder des Weltraums ermöglicht. Mit dem Fortschritt der Technologie können wir in Zukunft weitere erstaunliche Entdeckungen und Fortschritte durch diese Weltraumteleskope erwarten.

Die Herausforderungen der Raumfahrt und aufkommende Technologien

Die Raumfahrt stellt eine beispiellose technologische und finanzielle Herausforderung dar. Raumfahrtmissionen erfordern immense Investitionen und fortschrittliche Technologien, um komplexe und riskante Missionen durchzuführen. Die Vorteile der Raumfahrt sind jedoch vielfältig, und aufkommende Technologien können dazu beitragen, einige der drängendsten Herausforderungen unserer Zeit zu bewältigen.

Die Hauptaufgabe der Raumfahrt besteht darin, es Menschen zu ermöglichen, sicher und nachhaltig ins Weltall zu reisen. Dafür sind viele Technologien erforderlich, wie fortschrittliche Antriebssysteme, leichte und widerstandsfähige Materialien, autonome Überlebenssysteme sowie effiziente Kommunikations- und Navigationssysteme. Aufkommende Technologien wie Elektroantrieb, Nanotechnologie und künstliche Intelligenz können dazu beitragen, diese Herausforderung durch Kostensenkung und Effizienzsteigerung bei den Missionen zu bewältigen.

Eine weitere große Herausforderung besteht darin, Astronauten vor kosmischer Strahlung zu schützen. Ionisierende Strahlung kann Zellen und Gewebe schädigen und das Risiko von Krebs und anderen Krankheiten erhöhen. Innovative Lösungen sind erforderlich, um Astronauten vor Strahlung zu schützen, wie effektivere Schutzmaterialien oder Möglichkeiten, ionisierende Strahlung abzulenken. Aufkommende Technologien wie Metamaterialien und Bioengineering könnten Lösungen für dieses Problem bieten.

Die Raumfahrt kann auch dazu beitragen, drängende Probleme unserer Zeit zu lösen, wie den Klimawandel, die Ernährungssicherheit und begrenzte natürliche Ressourcen. Aufkommende Technologien wie geschlossene landwirtschaftliche Systeme, Solarenergiegewinnung im Weltraum und Asteroiden-Bergbau könnten nachhaltige Lösungen für diese Probleme bieten.

Schließlich kann die Raumfahrt eine neue Generation von Wissenschaftlern und Ingenieuren inspirieren. Raumfahrtmissionen haben seit Jahrzehnten die Vorstellungskraft der Menschen gefesselt und Innovation und wissenschaftliche Forschung in vielen Bereichen gefördert. Aufkommende Technologien wie Virtual Reality und Augmented Reality können dazu beitragen, die Raumfahrt zugänglicher zu machen und junge Menschen dazu inspirieren, eine Karriere in Wissenschaft und Technologie anzustreben.

Der Einfluss der Astronomie auf Gesellschaft und Kultur

Astronomie und Philosophie

Astronomie und Philosophie haben eine lange gemeinsame Geschichte. Seit der Antike haben Philosophen Fragen zur Natur des Universums und unserer Position darin gestellt. Die Astronomie hat auf der anderen Seite Antworten auf einige dieser Fragen geliefert, während sie gleichzeitig neue Fragen aufwirft. In diesem Abschnitt werden wir die Verbindungen zwischen Astronomie und Philosophie sowie die Fragen, die sich beide Disziplinen stellen, untersuchen.

Astronomie wurde lange Zeit als Teil der Naturphilosophie angesehen, die die Gesetze des Universums untersucht. Die frühen Astronomen waren auch Philosophen, die das kosmische Ordnungsprinzip und die Rolle der Menschheit darin verstehen wollten. Zum Beispiel entwickelten Astronomen im antiken Griechenland Modelle der Welt, die das philosophische Denken jahrhundertelang beeinflussten.

Heutzutage ist die Astronomie eine eigenständige wissenschaftliche Disziplin, die empirische Methoden und Beobachtungen nutzt, um das Universum zu verstehen. Dennoch inspiriert die Astronomie weiterhin philosophische Überlegungen über unsere Position im Universum und die Bedeutung unserer Existenz. Astronomische Entdeckungen haben oft traditionelle Überzeugungen über die Natur des Universums und des Lebens in Frage gestellt.

Eine wichtige philosophische Frage, die durch die Astronomie aufgeworfen wird, ist die Existenz von Leben im Universum. Astronomen suchen aktiv nach Spuren von Leben auf anderen Planeten, doch dies wirft auch Fragen nach der Bedeutung des Lebens und unserer Position im Universum auf. Bedeutet die Existenz von Leben anderswo im Universum, dass unsere Existenz weniger besonders und weniger bedeutend ist?

Die Astronomie kann uns auch dazu anregen, über metaphysische Themen wie die Existenz Gottes und die Natur des Universums nachzudenken. Astronomen haben überzeugende Beweise für den Urknall entdeckt, der das Universum hervorgebracht hat, wie wir es heute kennen. Diese Entdeckung wirft Fragen nach dem Ursprung des Universums auf und ob es einen Schöpfer oder eine höhere Kraft gab, die den Urknall ausgelöst hat.

Darüber hinaus kann uns die Astronomie auch zu ethischen Fragen anregen. Die Beobachtung ferner Sterne und Galaxien kann uns zum Beispiel die Bedeutung des Schutzes unserer Umwelt und der Bewahrung der natürlichen Schönheit unseres Planeten verdeutlichen. Ebenso wirft die Suche nach außerirdischem Leben Fragen darüber auf, wie wir mit Wesen aus einer Kultur und Intelligenz, die sich von unserer unterscheiden, kommunizieren könnten.

Bildung und Popularisierung der Astronomie

Bildung und Popularisierung der Astronomie sind wichtige Bereiche, um der Öffentlichkeit das Verständnis und die

Wertschätzung der Wunder des Universums zu ermöglichen. Aus diesem Grund arbeiten viele Astronomen und Wissenschaftler daran, die Astronomie für alle zugänglich zu machen.

Dafür wurden verschiedene Ansätze entwickelt. Einer davon ist die Organisation von Konferenzen, Kursen und Workshops für Schulen, Colleges und Universitäten sowie für Gemeinschaftsgruppen und Amateur-Astronomievereine. Bei diesen Veranstaltungen können die Teilnehmer die neuesten Entdeckungen in der Astronomie kennenlernen, Fragen an Experten stellen und praktische Aktivitäten wie das Beobachten von Sternen und Planeten durchführen.

Ein weiterer Ansatz ist die Popularisierung der Astronomie durch Medien wie Bücher, Magazine und spezialisierte Websites. Auch Fernseh- und Radiosendungen über Astronomie haben in den letzten Jahren an Beliebtheit gewonnen und bieten der Öffentlichkeit eine einzigartige Gelegenheit, mehr über das Universum zu erfahren.

Es ist auch wichtig, effektive Kommunikationstechniken zu verwenden, um Informationen über Astronomie zu vermitteln. Analogien und Metaphern sind nützliche Werkzeuge, um komplexe Konzepte zu vereinfachen. Zum Beispiel kann man zur Erklärung von Einsteins allgemeiner Relativitätstheorie die Analogie eines gespannten Gummiblatts verwenden, das sich unter dem Gewicht eines Objekts verformt und eine Krümmung im Raum-Zeit-Gefüge erzeugt.

Schließlich kann auch der Einsatz von Computerprogrammen wie virtuellen Planetarien und Beobachtungssimulatoren dazu beitragen, die Astronomie zugänglicher zu machen. Diese Werkzeuge ermöglichen es den Menschen, astronomische Phänomene, die direkt schwer zu beobachten sind, wie die Bewegungen von Planeten und Sternen am Himmel, zu sehen.

Bildung und Popularisierung der Astronomie haben auch Einfluss auf Kultur und Gesellschaft. Über die Jahrhunderte hinweg hat die Astronomie viele Künstler, Schriftsteller und Dichter inspiriert. Zum Beispiel wurden die Sternbilder seit der Antike in Mythologie und Volkserzählungen verwendet. Heutzutage werden visuelle Darstellungen des Universums in Filmen und Werken der Fiktion verwendet, um die Vorstellungskraft des Publikums zu inspirieren.

Die Grundlagen der Himmelsbeobachtung für Amateurastronomen

Grundlagen der Beobachtung mit bloßem Auge

Die Beobachtung mit bloßem Auge ist die älteste und einfachste Methode, um die Wunder des nächtlichen Himmels zu entdecken. Sie erfordert keine teure Ausrüstung, sondern nur ein wenig Geduld und Fingerspitzengefühl. In diesem Abschnitt werden wir die Grundlagen der Beobachtung mit bloßem Auge und wie man das Beste aus dieser Methode der astronomischen Beobachtung herausholen kann, erkunden.

Das Wichtigste ist, dass die Beobachtung mit bloßem Auge an dunklen Orten und fernab jeglicher Lichtverschmutzung am besten ist. Wenn Sie in der Stadt leben, kann es schwierig sein, einen geeigneten Ort zu finden. Parks, Hügel und Berge sind gute Orte, um den nächtlichen Himmel zu beobachten. Sie können auch lokale Astronomievereine kontaktieren, um die besten Beobachtungsplätze in Ihrer Region zu erfahren.

Sobald Sie vor Ort sind, können Sie mit der Beobachtung des Himmels beginnen. Die Sternbilder sind der einfachste Weg, um sich am nächtlichen Himmel zu orientieren. Es handelt sich dabei um Gruppen von Sternen, die nach mythologischen Formen oder Gestalten benannt wurden. Die bekanntesten Sternbilder sind Orion, der Große Bär und Kassiopeia. Die Sternbilder werden oft in Himmelskarten dargestellt, die nützliche Werkzeuge zur Orientierung am Himmel sind.

Auch die Planeten sind mit bloßem Auge sichtbar. Die fünf mit bloßem Auge sichtbaren Planeten sind Merkur, Venus, Mars, Jupiter und Saturn. Sie sind oft die hellsten Objekte am nächtlichen Himmel, abgesehen vom Mond und der Sonne. Die Planeten sind zu verschiedenen Zeiten im Jahr sichtbar, daher ist es wichtig, einen astronomischen Kalender zu konsultieren, um zu wissen, wann sie beobachtet werden können.

Auch Sterne sind ein faszinierendes Thema für die Beobachtung mit bloßem Auge. Sterne werden je nach ihrer Helligkeit klassifiziert, die als Magnitude bezeichnet wird. Die hellsten Sterne haben eine negative Magnitude, während die schwächsten Sterne eine positive Magnitude haben. Sterne können auch in Sternbildern gruppiert werden.

Der nächtliche Himmel bietet auch spektakuläre Phänomene wie Sternschnuppen und Polarlichter. Sternschnuppen oder Meteore sind Weltraumschrott, die beim Eintritt in die Erdatmosphäre verglühen. Polarlichter sind farbenfrohe Lichter, die auftreten, wenn Sonnenpartikel mit der Erdatmosphäre interagieren.

Schließlich ist es wichtig, beim Beobachten mit bloßem Auge auf die Augen zu achten. Die Augen benötigen mindestens 20 Minuten, um sich an die Dunkelheit anzupassen. Vermeiden Sie es, direkt auf die Sonne oder andere leuchtende Objekte zu schauen, da dies zu dauerhaften Schäden an der Sehkraft führen kann.

Die Himmelskarte und die Sternbilder

Die Himmelskarte ist ein wesentliches Werkzeug für jeden Astronomen, ob Amateur oder Profi. Sie stellt einen Blick auf das Himmelszelt dar, mit allen Sternen und Sternbildern, die von der Erde aus sichtbar sind. Himmelskarten können verwendet werden, um Sterne und Sternbilder zu identifizieren, Beobachtungen und Beobachtungssitzungen zu planen und sogar am nächtlichen Himmel zu navigieren.

Sternbilder sind Gruppen von Sternen, die miteinander verbunden sind und Muster am Himmel bilden. Es gibt 88 offiziell vom Internationalen Astronomieverband anerkannte Sternbilder, von denen jedes einen eigenen Namen, eine Geschichte und eine Mythologie hat. Einige der bekanntesten Sternbilder sind der Große Bär, Orion und Kassiopeia.

Die Sternbilder können Amateur-Astronomen helfen, sich am Himmel zurechtzufinden. Zum Beispiel ist der Große Bär dank seiner charakteristischen Pfannenform leicht erkennbar und kann verwendet werden, um andere Sternbilder wie den Kleinen Bären und den Polarstern zu finden. Auch Orion ist ein sehr sichtbares und leicht zu findendes Sternbild, dank seiner drei aufgereihten Sterne, die seinen Gürtel bilden.

Himmelskarten können verwendet werden, um bestimmte Sterne und Sternbilder zu lokalisieren. Sie sind in der Regel in Abschnitte unterteilt, die verschiedene Zeiten der Nacht und des Jahres darstellen, um die Änderungen in der Position der Sterne im Laufe der Zeit zu berücksichtigen. Moderne Himmelskarten werden oft digital erstellt, was es Benutzern ermöglicht, zu zoomen, zu drehen und ihre Sicht auf den

Himmel anzupassen.

Um eine Himmelskarte zu verwenden, ist es wichtig, grundlegende Konzepte wie Himmelsbreite und -länge, äquatoriale Koordinaten, Sternen Helligkeit und verschiedene Arten von Teleskopen und Beobachtungsinstrumenten zu verstehen. Es ist auch hilfreich, die Ephemeriden von Planeten, Kometen und anderen Himmelskörpern zu kennen, um sie am Himmel finden zu können.

Letztendlich können Himmelskarten und Sternbilder ein faszinierendes Werkzeug sein, um den nächtlichen Himmel zu erkunden und mehr über Astronomie zu erfahren. Egal ob Sie ein Amateur- oder Profiastronom sind, die Verwendung von Himmelskarten und das Wissen über Sternbilder können Ihre Beobachtungserfahrung bereichern und Ihnen helfen, die Geheimnisse des Universums zu entdecken.

Die scheinbaren Bewegungen der Himmelskörper

Die scheinbaren Bewegungen der Himmelskörper sind ein faszinierendes Thema in der Astronomie, da sie uns helfen zu verstehen, wie Himmelskörper sich am Himmel bewegen und wie sich ihre Position im Laufe der Zeit ändert. Es gibt verschiedene Arten von scheinbaren Bewegungen, wie Rotation, Revolution und Präzession.

Rotation ist die scheinbare Bewegung eines Himmelskörpers um seine Achse. Zum Beispiel dreht sich die Erde in etwa 24 Stunden um sich selbst, was Tag und Nacht verursacht.

Ebenso ist die Rotation des Mondes um sich selbst mit seiner Umlaufbahn um die Erde synchronisiert, so dass er der Erde immer dieselbe Seite zeigt.

Revolution ist die scheinbare Bewegung eines Himmelskörpers um einen anderen Himmelskörper. Zum Beispiel dreht sich die Erde in etwa 365 Tagen um die Sonne und verursacht so die Jahreszeiten. Ebenso umrundet der Mond die Erde in etwa 29 Tagen und erzeugt dabei die Mondphasen.

Präzession ist die scheinbare Bewegung einer Rotationsachse, die langsam in einem Kreis um einen festen Punkt rotiert. Zum Beispiel vollführt die Erdrotationsachse etwa alle 26.000 Jahre eine Vollpräzession, was die Position der Sterne am Himmel im Laufe der Zeit verändert.

Diese scheinbaren Bewegungen können mit Hilfe von Beobachtungsinstrumenten wie Teleskopen, Ferngläsern und Kameras beobachtet und gemessen werden. Sie sind auch wichtig, um astronomische Phänomene wie Sonnenfinsternisse, Konjunktionen und Oppositionen zu verstehen.

Ferngläser und Amateurteleskope

Ferngläser und Amateurteleskope sind unverzichtbare Werkzeuge für Amateur-Astronomen, die die Wunder des nächtlichen Himmels beobachten möchten. Ferngläser sind einfache und tragbare Instrumente, die einen beeindruckenden Blick auf den Himmel bieten können, während Teleskope eine präzise und detailliertere Beobachtung von Himmelsobjekten ermöglichen können. In diesem Abschnitt werden wir die verschiedenen Merkmale von Ferngläsern und Amateurteleskopen sowie die Vor- und Nachteile jedes Werkzeugs erkunden.

Ferngläser sind optische Instrumente, bestehend aus zwei Linsen, die das Bild vergrößern können. Ferngläser können verwendet werden, um den Mond, die Planeten, Sternbilder, Sterne und Sternhaufen zu beobachten. Sie bieten ein breiteres Sichtfeld als Teleskope und ermöglichen somit die Beobachtung von ausgedehnteren Objekten wie der Milchstraße. Ferngläser können auch bei der Lokalisierung von Himmelsobjekten hilfreich sein, bevor sie mit dem Teleskop beobachtet werden. Ferngläser sind tragbare und kostengünstige Instrumente, was sie einem breiten Publikum zugänglich macht.

Teleskope hingegen sind komplexere Instrumente, die Licht mit Hilfe von Spiegeln oder Linsen sammeln und konzentrieren. Teleskope können verwendet werden, um weiter entfernte und detailliertere Himmelsobjekte als Ferngläser zu beobachten. Sie eignen sich besonders gut zur Beobachtung von Planeten, Nebeln, Galaxien und Doppelsternen. Teleskope bieten hellere und schärfere Ansichten von Himmelsobjekten sowie eine bessere Auflösung. Teleskope sind auch genauer als Ferngläser, wodurch sie besser geeignet sind, astronomische Phänomene wie Sonnenfinsternisse und planetarische Transits zu beobachten.

Es gibt verschiedene Arten von Teleskopen, von denen jede

ihre eigenen Vor- und Nachteile hat. Refraktor-Teleskope verwenden Linsen, um das Licht zu sammeln, während Spiegelteleskope Spiegel verwenden. Katadioptrische Teleskope kombinieren sowohl refraktive als auch reflektive Elemente. Dobson-Teleskope sind einfache und kostengünstige Spiegelteleskope, die einen großen Durchmesser und ein breites Sichtfeld bieten, während äquatoriale Montierungen eine präzise Verfolgung von sich bewegenden Himmelsobjekten ermöglichen.

Es ist wichtig, das richtige Teleskop für die gewünschte Beobachtung auszuwählen. Größere Teleskope sammeln mehr Licht und ermöglichen somit eine detailliertere Beobachtung von Himmelsobjekten. Sie können jedoch sperriger und schwerer zu transportieren sein. Kleinere Teleskope können portabler sein, haben jedoch Einschränkungen bei der Beobachtung schwächerer und weiter entfernter Himmelsobjekte.

Zubehör und Beobachtungssoftware

In diesem Abschnitt werden Zubehörteile und Beobachtungssoftware für die Astronomie erkundet. Diese Werkzeuge können das Beobachtungserlebnis erheblich verbessern und Amateur-Astronomen helfen, die Wunder des Universums besser zu entdecken.

Obwohl Teleskope und Ferngläser die am häufigsten verwendeten Werkzeuge für die Himmelsbeobachtung sind, gibt es viele andere Zubehörteile, die die Leistung dieser Instrumente verbessern können. Okulare sind eines dieser

Zubehörteile und sie können verwendet werden, um die Brennweite des Instruments anzupassen, was zu schärferen und detaillierteren Bildern führt. Es gibt verschiedene Arten von Okularen, jeweils mit unterschiedlichen Eigenschaften wie Brennweite, Sichtfeld und Vergrößerung. Großfeldokulare sind besonders nützlich, um ausgedehnte Objekte wie Nebel und Galaxien zu beobachten, während hochleistungsfähige Okulare für die Beobachtung von Details auf kleineren Objekten wie Planeten und dem Mond geeignet sind.

Filter werden ebenfalls häufig verwendet, um die Sichtbarkeit bestimmter Objekte zu verbessern. Filter können verwendet werden, um bestimmte Wellenlängen des Lichts zu blockieren, was dazu beitragen kann, den Kontrast und die Sichtbarkeit von Objekten wie Planeten, Nebeln und Galaxien zu verbessern. Polarisationsfilter können auch verwendet werden, um Blendung von Sonnenlicht zu reduzieren, wenn man Objekte in seiner Nähe beobachtet.

Beobachtungssoftware kann auch für Amateur-Astronomen nützlich sein. Himmelskarten zum Beispiel können helfen, Sternbilder, Sterne und andere Himmelsobjekte selbst in Gebieten mit starkem Lichtverschmutzung zu lokalisieren. Planungssoftware kann bei der Planung von Beobachtungssitzungen basierend auf Wetterbedingungen, Mondphasen und anderen Faktoren helfen. Es gibt auch mobile Apps, mit denen Amateur-Astronomen Himmelsobjekte in Echtzeit finden können, indem sie einfach ihr Smartphone auf den Himmel richten.

Bildverarbeitungssoftware ist ebenfalls wichtig für Amateur-Astronomen, die die Qualität ihrer Bilder verbessern möchten. Diese Programme ermöglichen es, Verzerrungen und Fehler auf Bildern zu korrigieren, den Kontrast und die Schärfe von Objekten zu erhöhen und sogar mehrere Bilder zu kombinieren, um detailliertere Bilder zu produzieren. Bildverarbeitungssoftware kann verwendet werden, um Bilder, die mit Teleskopen, CCD-Kameras und sogar Smartphones aufgenommen wurden, zu verbessern.

Schließlich sollte beachtet werden, dass Zubehörteile und Beobachtungssoftware die Erfahrung und das Fachwissen des Beobachters nicht ersetzen. Der beste Weg, die Wunder des Universums zu entdecken, besteht darin, regelmäßig zu beobachten, sich mit Himmelsobjekten vertraut zu machen und Beobachtungsfähigkeiten zu entwickeln. Zubehörteile und Software sollten nur als ergänzende Werkzeuge verwendet werden, um das Beobachtungserlebnis zu verbessern.

Astrofotografie

Grundtechniken der Astrofotografie

Astrofotografie ist ein Bereich der Astronomie, der sich mit der Erfassung von Bildern des Nachthimmels und himmlischer Objekte befasst. Sowohl Amateur- als auch professionelle Astronomen können diese Technik anwenden, um detaillierte und faszinierende Bilder unseres Universums einzufangen. In diesem Abschnitt werden die Grundtechniken der Astrofotografie behandelt.

Zuallererst ist es wichtig, die richtige Ausrüstung auszuwählen. Amateurastronomen können eine digitale Spiegelreflexkamera mit einem Weitwinkelobjektiv verwenden, um Bilder des Nachthimmels aufzunehmen. Erfahrenere Astronomen hingegen können Teleskope mit CCD- oder CMOS-Kameras nutzen, um detaillierte Bilder himmlischer Objekte zu erfassen.

Nachdem die Ausrüstung ausgewählt wurde, ist es wichtig, einen geeigneten Beobachtungsort zu finden. Ländliche Gegenden mit wenig Lichtverschmutzung eignen sich am besten für die Beobachtung des Nachthimmels. Außerdem sollten die Wetterbedingungen berücksichtigt werden, und es sollte bei klarem Himmel beobachtet werden.

Um Bilder des Nachthimmels aufzunehmen, ist es wichtig, die Kamera oder Kameraeinstellungen richtig zu justieren. Es wird empfohlen, eine niedrige ISO-Empfindlichkeit zu verwenden, um das Hintergrundrauschen zu reduzieren, eine große Blende, um mehr Licht einzufangen, und eine ausreichend lange Belichtungszeit, um die Details des Nachthimmels einzufangen. Die Fokussierung sollte ebenfalls korrekt eingestellt werden, indem die manuelle Fokussierung verwendet wird, um sicherzustellen, dass die Sterne scharf und klar abgebildet sind.

Um detaillierte Bilder himmlischer Objekte zu erfassen, empfiehlt es sich, fortgeschrittene Bildgebungstechniken wie die Bildstapelung zu verwenden. Dabei werden mehrere Bilder desselben himmlischen Objekts aufgenommen und kombiniert, um ein detaillierteres und schärferes Bild zu erzeugen. Es ist auch möglich, Filter zu verwenden, um Bilder bestimmter Wellenlängen aufzunehmen, z. B. H-alpha-Filter für die Erfassung von Nebeln.

Schließlich ist es wichtig, die aufgenommenen Bilder zu bearbeiten, um das bestmögliche Ergebnis zu erzielen. Die Bildbearbeitung umfasst die Verwendung spezialisierter Software, um Helligkeit, Kontrast, Farbbalance und andere Parameter anzupassen und ein klares und detailliertes Bild zu erzeugen.

Astrofotografieausrüstung

Astrofotografie ist ein faszinierendes Gebiet der Astronomie, das es ermöglicht, die Wunder des Nachthimmels einzufangen und mit der Welt zu teilen. Die für astrofotografische Aufnahmen benötigte Ausrüstung variiert je nach den himmlischen Objekten, die man fotografieren möchte, aber hier sind die grundlegenden Elemente, die man zum Einstieg benötigt:

Eine digitale Kamera: Die Kamera sollte in der Lage sein, lange Belichtungszeiten von mehreren Sekunden oder sogar Minuten zu ermöglichen, um ausreichend Licht für schwache himmlische Objekte einzufangen. Moderne digitale Kameras bieten normalerweise die Möglichkeit, Belichtungszeit und ISO-Einstellungen anzupassen, was für die astronomische Fotografie wesentlich ist.

Ein Stativ: Ein stabiles Stativ ist erforderlich, um Vibrationen zu vermeiden, die zu unscharfen Bildern führen können. Das Stativ sollte robust sein und leicht einzustellen, um den Bewegungen der Himmelskörper folgen zu können.

Ein Objektiv: Die Wahl des Objektivs hängt von dem himmlischen Objekt ab, das man fotografieren möchte. Für weitläufigere Objekte wie die Milchstraße wird ein Weitwinkelobjektiv empfohlen, während für kleinere Objekte wie Planeten ein Teleobjektiv besser geeignet ist.

Filter: Filter können verwendet werden, um die Bildqualität zu verbessern, indem sie Lichtverschmutzung reduzieren und spezifische Wellenlängen des Lichts blockieren, die das Bild stören können.

Ein Laptop: Ein Laptop ist nützlich, um die Kamera fernzusteuern und Bilder aufzunehmen und zu bearbeiten.

Eine motorisierte parallaktische Montierung: Eine motorisierte parallaktische Montierung ist unerlässlich, um die Bewegungen der Himmelskörper während der langen Belichtungszeiten zu verfolgen. Die Montierung muss in der Lage sein, den Bewegungen der Erde zu folgen, um zu verhindern, dass Sterne auf den Bildern verschwimmen.

Astrofotografie-Software: Spezialisierte Software ist erforderlich, um die Kamera zu steuern, Bilder aufzunehmen, zu bearbeiten und zu stapeln. Die am häufigsten verwendeten Softwareprogramme für Astrofotografie sind PixInsight, DeepSkyStacker und Photoshop.

Astrofotografie kann ein kostspieliges Hobby sein, aber man kann mit grundlegender Ausrüstung beginnen und sich im Laufe der Zeit weiterentwickeln. Es ist wichtig, sich die Zeit zu nehmen, die Grundprinzipien der Astrofotografie zu verstehen und regelmäßig zu üben, um seine Fähigkeiten zu verbessern. Mit Geduld, Übung und hochwertiger Ausrüstung kann man die Wunder des Nachthimmels einfangen und mit der Welt teilen.

Bildverarbeitung in der Astrofotografie

Fotografie ist eine entscheidende Beobachtungstechnik in der Astronomie, die es ermöglicht, Bilder von himmlischen Objekten wie Sternen, Nebeln, Galaxien und Planeten aufzunehmen und aufzuzeichnen. Bilder können mit verschiedenen Instrumenten aufgenommen werden, angefangen bei einfachen Kameras bis hin zu hochauflösenden Teleskopen mit spezialisierten Kameras.

Die Bildverarbeitung in der Astrofotografie umfasst eine

Reihe von Schritten zur Verbesserung der Qualität und Klarheit der aufgenommenen Bilder. Zunächst müssen die Rohbilder korrigiert werden, um Mängel zu beseitigen, die durch Beobachtungsinstrumente und Umgebung verursacht werden, wie Hintergrundrauschen, chromatische Aberrationen und optische Verzerrungen.

Dann können die korrigierten Bilder weiterverarbeitet werden, um Kontrast, Schärfe und Auflösung zu verbessern. Dies kann durch den Einsatz von Bildverarbeitungstechniken wie Bildstapelung, Faltung, Filterung und Dekonvolution erfolgen.

Die Bildstapelung beinhaltet das Kombinieren mehrerer Bilder desselben himmlischen Objekts, um die Auflösung und das Signal-Rausch-Verhältnis zu erhöhen. Diese Technik kann auch dazu verwendet werden, Nachführungsfehler auszugleichen, indem die Bilder so ausgerichtet werden, dass sie perfekt übereinstimmen.

Faltung und Filterung sind Techniken, um Schärfe und Auflösung der Bilder zu verbessern. Bei der Faltung wird eine mathematische Faltung auf das Bild angewendet, um Kanten und Details zu verstärken, während die Filterung Rauschen und Bildartefakte entfernt.

Schließlich ist die Dekonvolution eine fortschrittliche Technik, um verlorene Details der Aufnahme wiederherzustellen, indem Unschärfe- und Beugungseffekte, die durch Beobachtungsinstrumente verursacht werden, reduziert werden.

Es sei zu beachten, dass die Bildverarbeitung in der Astrofotografie ein komplexes Gebiet ist, das ein gründliches Verständnis von Physik und Mathematik erfordert, sowie den Einsatz spezialisierter Software wie Photoshop, PixInsight, IRIS und DeepSkyStacker.

Andere Astronogeek treffen

Amateur-Astronomievereine und -verbände

Amateur-Astronomievereine und -verbände bieten Enthusiasten eine einzigartige Möglichkeit, sich zu treffen, ihr Interesse an der Beobachtung des Himmels zu teilen und sich gegenseitig auf dem Gebiet weiterzubilden. Diese Gruppen sind ein ausgezeichneter Ausgangspunkt für Anfänger, die mehr über Astronomie erfahren möchten, sowie für erfahrene Amateure, die sich in komplexeren Projekten engagieren möchten.

Amateur-Astronomievereine bieten eine Vielzahl von Aktivitäten wie Beobachtungsabende, Vorträge, praktische Workshops, Exkursionen und Forschungsprojekte an. Die Mitglieder haben die Möglichkeit, andere Astronomiebegeisterte kennenzulernen, Ideen auszutauschen, Tipps zu teilen und von den Kenntnissen und dem Fachwissen der anderen Mitglieder zu profitieren.

Diese Vereine werden oft von erfahrenen Freiwilligen geleitet, die ihr Wissen und ihre Leidenschaft für Astronomie mit den Mitgliedern teilen. Sie können auch Unterstützung und praktische Ratschläge beim Kauf von Beobachtungsausrüstung, astrophotographischen Techniken und der Teilnahme an Forschungsprojekten bieten.

Neben lokalen Vereinen gibt es auch nationale und internationale Amateur-Astronomieverbände, die Mitglieder aus der ganzen Welt zusammenbringen. Diese Verbände organisieren oft besondere Veranstaltungen, groß angelegte Forschungsprojekte und Wettbewerbe, die es den Mitgliedern ermöglichen, sich mit anderen Astronomiebegeisterten zu vernetzen und an ambitionierteren Projekten teilzunehmen.

Amateur-Astronomievereine und -verbände können auch eine wichtige Rolle bei der Bildung und Verbreitung von Astronomie in der Öffentlichkeit spielen. Sie organisieren oft öffentliche Veranstaltungen, Schulpräsentationen und Führungen durch Observatorien, um das Bewusstsein für die Bedeutung der Astronomie zu schärfen und Wissenschaft bei jungen Menschen zu fördern.

Zusammenfassend sind Amateur-Astronomievereine und -verbände eine fantastische Möglichkeit, andere Astronomiebegeisterte kennenzulernen, mit Experten in Kontakt zu treten, an Forschungsprojekten teilzunehmen und die Schönheit und Bedeutung der Astronomie der Öffentlichkeit näherzubringen. Wenn Sie Interesse an der Beobachtung des Himmels haben und eine Gemeinschaft suchen, um Ihre Leidenschaft zu teilen, ist der Beitritt zu einem Amateur-Astronomieverein eine ausgezeichnete Option.

Astronomie-Veranstaltungen und -Treffen

Astronomie-Veranstaltungen und -Treffen bieten Amateur- und professionellen Astronomen die Möglichkeit, sich zu treffen und ihr Wissen auszutauschen. Diese Veranstaltungen sind auch eine Gelegenheit für Astronomiebegeisterte, die neuesten Entwicklungen und Technologien auf dem Gebiet zu entdecken.

Die größte Astronomiekonferenz der Welt ist die jährliche Tagung der American Astronomical Society (AAS), bei der Tausende von Forschern und Fachleuten aus der ganzen Welt zusammenkommen, um über neueste Forschungen und Entdeckungen zu diskutieren. Die AAS-Konferenzen sind eine hervorragende Möglichkeit für Fachleute, Netzwerke aufzubauen und zukünftige Projekte zu kooperieren.

Amateur-Astronomen können auch an Veranstaltungen wie offenen Tagen in Observatorien, Gruppenbeobachtungsabenden, öffentlichen Vorträgen, Ausstellungen astronomischer Instrumente und Astrofotografie-Workshops teilnehmen. Diese Veranstaltungen werden oft von lokalen Astronomievereinen und -verbänden organisiert, die die Astronomie in der Öffentlichkeit fördern und das Interesse an diesem Fachgebiet wecken möchten.

Astronomiefestivals sind ebenfalls sehr beliebt, insbesondere das berühmte Festival de la Cité des Étoiles in Fleurance, Frankreich, das Workshops für Kinder, Vorträge, Filmvorführungen, Ausstellungen astronomischer Instrumente und nächtliche Himmelsbeobachtungen bietet.

Neben physischen Veranstaltungen können auch Online-Treffen der Astronomie stattfinden. Webinare und Live-Chats ermöglichen es Astronomiebegeisterten aus aller Welt, mit Fachleuten zu diskutieren und Fragen zu stellen. Online-Foren und Diskussionsgruppen in sozialen Netzwerken bieten ebenfalls eine Plattform für den Austausch von Informationen und Diskussionen zu verschiedenen astronomischen Themen.

Die Beteiligung von Amateuren an astronomischer Forschung

Astronomie fasziniert viele Amateure auf der ganzen Welt. Doch diese sind weit mehr als bloße Beobachter, sondern können einen echten Beitrag zur astronomischen Forschung leisten. Tatsächlich können Amateure in vielen Bereichen den professionellen Astronomen helfen, indem sie ihre eigene Ausrüstung zur genauen Messung nutzen oder an Forschungsprojekten teilnehmen.

Die Beobachtung von veränderlichen Sternen ist eines der Bereiche, in denen Amateure einen signifikanten Beitrag zur astronomischen Forschung leisten können. Durch regelmäßige Überwachung von Helligkeitsschwankungen der Sterne können Amateure dazu beitragen, neue Arten von veränderlichen Sternen zu identifizieren oder das Verständnis der Sternevolution zu verbessern. Die Suche nach neuen Kometen ist eine Aktivität, die auch von Amateuren durchgeführt werden kann, indem sie Teleskope kleinerer Größe nutzen und Bereiche des Himmels erkunden, die besonders günstig für die Entdeckung solcher Objekte sind.

Amateure können auch helfen, die jüngsten Entdeckungen der professionellen Astronomen zu bestätigen oder zu widerlegen, indem sie ihre Beobachtungen mit denen der Fachleute vergleichen und etwaige Unterschiede oder Widersprüche melden. Sie können auch dazu beitragen, die Präzision von Messungen zu verbessern, indem sie ihre eigene Ausrüstung zur Durchführung von photometrischen oder spektroskopischen Messungen nutzen, beispielsweise.

Darüber hinaus gibt es Forschungsprojekte, bei denen die aktive Teilnahme von Amateuren gefragt ist. Das Zooniverse-Projekt ist ein Beispiel dafür. Es ermöglicht es Amateuren, groß angelegte Bilder von astronomischen Objekten zu klassifizieren, was professionellen Astronomen hilft, neue Arten von Objekten zu identifizieren und neue Strukturen im Universum zu entdecken. Amateure können auch an Projekten zur Erforschung extrasolarer Planeten teilnehmen, indem sie Wissenschaftlern helfen, Daten aus Weltraumteleskopen wie Kepler oder TESS zu sortieren.

Schließlich können Amateure durch den Einsatz von Astrophotographie-Techniken hochwertige Bilder astronomischer Objekte erstellen und so zur Erforschung von Struktur und Zusammensetzung sowie zum besseren Verständnis der physikalischen Prozesse im Universum beitragen. Amateure können auch dazu beitragen, neue Phänomene wie Novae oder Supernovae zu entdecken, indem sie ihre Bilder mit denen der Fachleute vergleichen und etwaige ungewöhnliche Variationen melden.

Herausforderungen und zukünftige Perspektiven in der Astronomie

Großprojekte in der Astronomie und Raumfahrt

Die Astronomie ist eine sich ständig weiterentwickelnde Wissenschaft, die uns jedes Jahr mehr über das uns umgebende Universum enthüllt. Großprojekte in der Astronomie und Raumfahrt spielen eine entscheidende Rolle in diesem Fortschritt. In diesem Abschnitt werden wir einige der ambitioniertesten Projekte im Bereich der Astronomie und der Weltraumerkundung überprüfen.

Das erste Projekt, über das wir sprechen werden, ist das James Webb Weltraumteleskop, das seit über 20 Jahren im Bau ist. Dieses Teleskop wird der Nachfolger des Hubble Weltraumteleskops sein und im Jahr 2021 starten. Es wird über einen viel größeren Spiegel als das Hubble verfügen und in der Lage sein, die ersten Galaxien zu beobachten, die sich nach dem Urknall gebildet haben. Das James Webb Teleskop wird auch in der Lage sein, Atmosphären von Exoplaneten zu erkennen und ihre chemische Zusammensetzung zu analysieren, was uns helfen wird, besser zu verstehen, wie Leben im Universum entstehen kann.

Ein weiteres laufendes Projekt ist das Giant Magellan Telescope (GMT). Dieses Teleskop wird in Chile gebaut und über einen 25 Meter Durchmesser großen Spiegel verfügen. Das GMT wird in der Lage sein, 10-mal mehr Licht einzufangen als jedes derzeitige Teleskop, was es ermöglicht, sehr schwache und entfernte Objekte zu beobachten. Es wird zur Untersuchung von Phänomenen wie supermassiven Schwarzen Löchern und entfernten Galaxien verwendet werden.

Die Euclid-Mission der Europäischen Weltraumorganisation ist ein weiteres ambitioniertes laufendes Projekt. Euclid hat zum Ziel, Dunkle Energie und Dunkle Materie zu erforschen, zwei mysteriöse Bestandteile des Universums. Euclid wird das Universum in 3D kartieren, indem es Beobachtungen von über 1 Milliarde Galaxien und Quasaren nutzt. Diese Mission wird dazu beitragen, die Entwicklung des Universums besser zu verstehen und Antworten auf einige der grundlegendsten Fragen der Kosmologie zu finden.

Die NASA arbeitet auch an einer Mission, um Menschen bis in die 2030er Jahre auf den Mars zu schicken. Diese Mission, namens Artemis, plant auch eine Rückkehr zum Mond, um dort eine dauerhafte Präsenz aufzubauen. Die NASA arbeitet auch an robotischen Missionen zur Erforschung der Monde von Jupiter und Saturn, die als Kandidaten für die Existenz von Leben betrachtet werden.

Schließlich ist die Breakthrough Starshot-Mission ein mutiges Projekt, das darauf abzielt, winzige Raumschiffe mit Hilfe von Laserstrahlen zum nächstgelegenen Stern, Alpha Centauri, zu schicken. Diese Raumschiffe würden eine Geschwindigkeit von 20% der Lichtgeschwindigkeit erreichen und ihr Ziel in nur 20 Jahren erreichen können. Diese Mission könnte unsere Vorstellung vom Universum revolutionieren und uns helfen, grundlegende Fragen über Leben und menschliche

Existenz zu beantworten.

Umweltfragen und der Schutz des Nachthimmels

Der Schutz des Nachthimmels ist ein Thema von entscheidender Bedeutung, das Astronomie, Umwelt, Kultur und Ästhetik betrifft. Tatsächlich hat die durch übermäßige künstliche Beleuchtung verursachte Lichtverschmutzung schädliche Auswirkungen auf die Gesundheit von Lebewesen, stört ihren Lebenszyklus und beeinträchtigt die Qualität des Nachthimmels.

Zunächst einmal ist es wichtig, die Umweltauswirkungen der Lichtverschmutzung zu berücksichtigen. Tiere und Pflanzen werden durch Veränderungen des künstlichen Lichts beeinflusst, was ihren Lebenszyklus und ihre Fortpflanzung stören kann. Zugvögel können zum Beispiel durch das Licht der Stadt desorientiert werden und ihre Orientierung verlieren. Darüber hinaus kann Lichtverschmutzung auch Auswirkungen auf Ökosysteme und die Biodiversität im Allgemeinen haben. Durch die Reduzierung der Lichtverschmutzung können wir unsere Umwelt und unser Naturerbe schützen.

Darüber hinaus hat Lichtverschmutzung auch Auswirkungen auf die menschliche Gesundheit. Studien haben gezeigt, dass die Exposition gegenüber künstlichem Licht den Schlaf stören und das Risiko von Krankheiten wie Krebs, Diabetes und Fettleibigkeit erhöhen kann. Nachtarbeiter, Menschen in stark beleuchteten städtischen Gebieten und Kinder sind besonders anfällig für diese Effekte. Durch die Reduzierung der Lichtverschmutzung können wir die Lebensqualität der Bevölkerung verbessern.

Im Bereich der Astronomie erschwert Lichtverschmutzung die Beobachtung von Himmelskörpern, was der wissenschaftlichen Forschung schadet. Astronomen müssen zu abgelegenen Gebieten reisen, um ihre Beobachtungen durchzuführen, was oft teuer und schwierig ist. Dies kann auch die Qualität der Beobachtungen beeinflussen und die Fähigkeit der Astronomen, schwache Himmelsobjekte zu erkennen, beeinträchtigen. Durch die Reduzierung der Lichtverschmutzung können wir sicherstellen, dass Astronomen Zugang zu qualitativ hochwertigen Beobachtungen haben und weiterhin wichtige Entdeckungen machen können.

Neben diesen praktischen Aspekten hat der Schutz des Nachthimmels auch kulturelle und ästhetische Implikationen. Der Sternenhimmel ist ein gemeinsames Kulturerbe, das wir für zukünftige Generationen bewahren müssen. Sterne und Sternbilder haben Kunst, Literatur und Poesie seit Tausenden von Jahren inspiriert und spiegeln die Bedeutung wider, die Menschen der Betrachtung des Nachthimmels beimessen. Durch den Schutz des Nachthimmels können wir einen wichtigen Teil unseres kulturellen und ästhetischen Erbes bewahren und die Kreativität und Vorstellungskraft zukünftiger Generationen fördern.

Internationale Zusammenarbeit und Bürgerinitiativen in der Astronomie

Internationale Zusammenarbeit in der Astronomie ist ein entscheidender Aspekt für Fortschritte und Entdeckungen in diesem Bereich. Astronomen, Institutionen und Regierungen arbeiten zusammen, um gemeinsame Ziele zu erreichen und ambitionierte Projekte zu entwickeln. Diese Zusammenarbeit ermöglicht eine effizientere Nutzung von Ressourcen und Fähigkeiten sowie ein besseres Verständnis des Universums.

Bürgerinitiativen sind auch immer wichtiger geworden, um Astronomie zu fördern. Amateurbeobachtergruppen und Vereinigungen spielen eine wichtige Rolle bei der Sensibilisierung der Öffentlichkeit für Astronomie und bei der Förderung junger Menschen, ihre Leidenschaft für Raumfahrtwissenschaften zu erkunden. Diese Initiativen tragen auch zur Entdeckung neuer astronomischer Phänomene und zur Verbesserung der gesammelten Daten bei.

Internationale Zusammenarbeit in der Astronomie wird regelmäßig in groß angelegten Projekten wie dem European Southern Observatory (ESO) und dem Hubble Weltraumteleskop beobachtet, an denen zahlreiche Länder beteiligt sind. Regierungen arbeiten zusammen, um diese Projekte zu finanzieren und Fähigkeiten und Wissen auszutauschen.

Diese Zusammenarbeit hat zu bedeutenden Entdeckungen geführt, wie der Entdeckung von Dunkler Energie und Dunkler Materie sowie der Bestätigung der Existenz von Gravitationswellen, die von Einsteins Allgemeiner Relativitätstheorie vorhergesagt wurden. Diese Entdeckungen wären ohne internationale Zusammenarbeit in der Astronomie nicht möglich gewesen.

Auch Bürgerinitiativen in der Astronomie nehmen zu, mit vielen Amateurbeobachtergruppen und Vereinigungen, die Programme zur Bildung und Popularisierung der Astronomie anbieten. Diese Gruppen ermutigen junge Menschen, ihre Leidenschaft für Raumfahrtwissenschaften zu erkunden und sich an praktischen Himmelsbeobachtungsaktivitäten zu beteiligen. Sie spielen auch eine wichtige Rolle bei der Sammlung von Daten zu seltenen astronomischen Ereignissen.

Bürgerinitiativen waren auch an der Entdeckung neuer Exoplaneten beteiligt, wobei viele Amateur-Planetensuchergruppen mit professionellen Astronomen zusammenarbeiten, um die Entdeckung dieser fernen Welten zu beobachten und zu bestätigen. Diese Zusammenarbeit zeigt die Bedeutung des Beitrags von Bürgern zur Erforschung und zum Verständnis unseres Universums.

Letztendlich sind internationale Zusammenarbeit und Bürgerinitiativen in der Astronomie Schlüsselelemente zur Förderung der Raumfahrtexploration und des Verständnisses des Universums. Sie ermöglichen eine effiziente Nutzung von Ressourcen, den Austausch von Fähigkeiten und Wissen sowie die Förderung von Astronomie in der Öffentlichkeit. Diese Zusammenarbeit ist entscheidend, um die ehrgeizigen Ziele der modernen Astronomie zu erreichen, darunter die Suche nach außerirdischem Leben und das Verständnis des

Ursprungs und der Entwicklung des Universums.

Danksagung

Liebe Leserin, lieber Leser,

es erfüllt mich mit Emotionen und Nostalgie, Ihnen dieses Buch über Astronomie präsentieren zu können. Ich danke Ihnen von Herzen für Ihr Interesse und Ihre Neugierde zu diesem faszinierenden Thema, das mich jeden Tag begeistert.

Ich möchte auch allen danken, die zur Realisierung dieses Werkes beigetragen haben, von den Weltraumfachleuten bis hin zur beständigen Unterstützung meines Umfelds. Ohne ihre Hilfe hätte dieses Projekt niemals das Licht der Welt erblickt.

Ich hoffe, dass Ihnen diese Lektüre ermöglicht hat, die Wunder des uns umgebenden Universums zu entdecken oder wiederzuentdecken. Ich habe versucht, die komplexesten Konzepte einfach und verständlich zu präsentieren, unter Berücksichtigung der Genauigkeit der dargelegten Informationen.

Ich bin überzeugt, dass die Entdeckung der Astronomie unsere Perspektive auf die Welt, die uns umgibt, verändern kann. Indem wir Sterne und Planeten beobachten, können wir unseren Platz im Universum besser verstehen und die Bedeutung des Schutzes unseres Planeten erkennen.

Ich hoffe, dass dieses Buch Ihr Interesse geweckt hat, mehr zu erfahren und Ihre eigene Erforschung der Astronomie fortzusetzen. Zögern Sie nicht, Astronomieclubs beizutreten oder an Beobachtungsveranstaltungen teilzunehmen, um weiter zu lernen und zu entdecken.

Schließlich hoffe ich, dass Sie meine Leidenschaft für dieses Thema während dieser Seiten gespürt haben. Für mich ist Astronomie weit mehr als nur Wissenschaft, es ist eine Lebensweise und eine Art, die Welt zu sehen.

Nochmals vielen Dank für Ihre Lektüre und ich hoffe, dass dieses Buch Sie auf Ihrer eigenen Erkundung des Universums begleiten wird.

Mit freundlichen Grüßen.

www.ingramcontent.com/pod-product-compliance
Lightning Source LLC
Chambersburg PA
CBHW072314290526
45794CB00002B/656

9 7 9 8 8 5 9 5 8 3 4 9 2